EPC 工程总承包项目管理模式研究与实践

曾政　李丹　李秀丽　主编
张承鑫　刘振威　陈思红　陈德义　副主编

中国建筑工业出版社

图书在版编目（CIP）数据

EPC工程总承包项目管理模式研究与实践／曾政，李丹，李秀丽主编；张承鑫等副主编． -- 北京：中国建筑工业出版社，2025.3． -- ISBN 978-7-112-30942-9

Ⅰ．TU723

中国国家版本馆CIP数据核字第2025J3F128号

责任编辑：李笑然　牛　松
文字编辑：吴瑞莹
责任校对：赵　力

EPC工程总承包项目管理模式研究与实践
曾政　李丹　李秀丽　主编
张承鑫　刘振威　陈思红　陈德义　副主编
*
中国建筑工业出版社出版、发行（北京海淀三里河路9号）
各地新华书店、建筑书店经销
北京建筑工业印刷有限公司制版
北京君升印刷有限公司印刷
*
开本：787毫米×960毫米 1/16　印张：$10\frac{3}{4}$　字数：141千字
2025年3月第一版　　2025年3月第一次印刷
定价：**68.00**元
ISBN 978-7-112-30942-9
（44557）

版权所有　翻印必究
如有内容及印装质量问题，请与本社读者服务中心联系
电话：（010）58337283　　QQ：2885381756
（地址：北京海淀三里河路9号中国建筑工业出版社604室　邮政编码：100037）

编写委员会

主　　编：曾　政　李　丹　李秀丽

副 主 编：张承鑫　刘振威　陈思红　陈德义

参　　编：江静怡　周　苗　刘伙英　胡春红
　　　　　郑鹏杰　卢文安　周培远　钟丽萍
　　　　　卜　骄　袁　峥　何会蓉　李军红
　　　　　王录锤　陈小明　宋　妍　罗　敏
　　　　　吴　强　虢小燕　徐亚兰

主编单位：广州南沙经济技术开发区建设中心
　　　　　新誉时代工程咨询有限公司
　　　　　广州大学

前　　言

　　工程总承包模式在我国尚处于培育和推广阶段。2020年3月1日，国家住房和城乡建设部、发改委共同颁布的《房屋建筑和市政基础设施项目工程总承包管理办法》正式实施。2021年1月1日，国家住房和城乡建设部、国家市场监督管理总局共同颁布的2020版《建设项目工程总承包合同（示范文本）》配套施行，对推行工程总承包模式在法规制度层面做了保证。在此之前，各地响应国家推行工程总承包政策开展了工程总承包模式的探索，中山大学附属第一（南沙）医院的建设采用EPC模式，由广州市南沙区人民政府负责整体投资建设，完成该医院的建筑物、配套基础设施、内部装修、网络信息系统、环境建设等，以交钥匙方式，在该医院及其配套工程建设竣工验收后向中山大学附属第一医院交付使用。

　　积极推行工程总承包是深化我国工程建设项目组织实施方式改革、提高工程建设管理水平、保证工程质量和投资效益、规范建筑市场秩序的重要措施。中山大学附属第一（南沙）医院项目的建设是适应现代医疗卫生事业的发展要求、加快广州市、南沙区医疗资源布局调整步伐、优化医疗资源配置的需要。本项目由广州市南沙区卫计局（业主）立项后，交由广州南沙重点建设项目推进办公室负责后续建设。EPC模式具有以下特点：（1）业主只需要一次招标选择一个EPC总承包商，不需对设计和施工分别招标，以减少招标费用与业主方管理和协调的工作量。同时，减少业主对整个工程的管理，业主只需最后验收整个工程，而不需要对每个环节都亲自监管，项目责任单一，简化合同组织关系，方便业主管理。（2）相对于传统的管理方式，EPC模式可避免机构臃肿、层次重叠、管理人员比例失调的问题。（3）风险主要由EPC承包商来承担，业主方风险小。（4）能够较好地将工艺设计与设备采购及安装紧密结合起来，有利于项目综合效益的提升。（5）EPC模式能够发挥设计的主导作用，由总承包商从一开始就对项目进行优化设计，从而充分发挥设计、采购、施工各阶段的合理交叉和充分协调，由此降低管理与运行成本，提升投资效益。基于EPC模式的上述特点，本项目采用该模式进行建设，以期为我国建设行业工程总承包模式的探索积累经验。

广州南沙经济技术开发区建设中心（原广州南沙重点建设项目推进办公室）作为本项目的建设单位，新誉时代工程咨询有限公司（原广州市新誉工程咨询有限公司）作为本项目全过程工程咨询联合体成员之一，在经历了本项目的主持建设、全过程造价咨询等管理实践的基础上联合广州大学共同对本项目建设过程进行记录、总结，以期对推进我国工程总承包建设模式贡献一点力量。感谢所有参建单位对本项目的支持。

在此说明，书中涉及的各标准规范均为本工程建设时期所参考，现有部分年号和名称已更新，具体罗列如下：

（1）《建设项目工程总承包管理规范》（GB/T 50358—2005）已废止，现为《建设项目工程总承包管理规范》（GB/T 50358—2017），自2018年1月1日起实施。

（2）《综合医院建设标准》（建标110—2008）已废止，现为《综合医院建设标准》（建标110—2021），自2021年7月1日起实施。

（3）《公共建筑节能设计标准》广东省实施细则（DBJ 15—51—2007）已废止，现为《广东省公共建筑节能设计标准》（DBJ 15—51—2020），自2021年2月1日起实施。

（4）《三相配电变压器能效限定值及能效等级》（GB 20052—2020）已废止，现为《电力变压器能效限定值及能效等级》（GB 20052—2024），自 2025 年 2 月 1 日起实施。

（5）《建筑外窗气密性能分级及其检测方法》（GB/T 7106—2008）已废止，现为《建筑外门窗气密、水密、抗风压性能检测方法》（GB/T 7106—2019），自 2020 年 11 月 1 日起实施。

（6）《建筑照明设计标准》（GB/T 50034—2013）已废止，现为《建筑照明设计标准》（GB/T 50034—2024），自 2024 年 8 月 1 日起实施。

目　录

第 1 章　中山大学附属第一（南沙）医院建设概况及项目管理要求

1.1　项目建设背景 …………………………………………………………… 002

1.2　EPC 总承包模式 ………………………………………………………… 004

  1.2.1　工程总承包与 EPC 总承包 ……………………………………… 004

  1.2.2　EPC 建设管理基本状况 …………………………………………… 006

  1.2.3　工程总承包模式的适用条件 ……………………………………… 007

  1.2.4　我国施行 EPC 模式的阻碍因素 …………………………………… 008

  1.2.5　我国推行工程总承包的政策引导 ………………………………… 010

  1.2.6　中山大学附属第一（南沙）医院项目的总承包模式 …………… 012

1.3　项目建设概况及管理要求 ……………………………………………… 014

  1.3.1　项目地块状况 ……………………………………………………… 014

  1.3.2　项目实施内容及范围 ……………………………………………… 014

  1.3.3　项目管理目标 ……………………………………………………… 015

1.4　组织管理要求 …………………………………………………………… 018

  1.4.1　中山大学附属第一（南沙）医院的投资建设及管理模式 ……… 018

1.4.2 项目机构管理要求 ·· 019

1.4.3 项目有关人员配备要求 ·· 020

第 2 章　项目前期管理

2.1 项目建议书 ·· 025

2.2 可行性研究 ·· 027

  2.2.1 本项目可行性研究情况 ·· 027

  2.2.2 绿色建筑及节能措施 ·· 032

  2.2.3 海绵城市 ·· 040

  2.2.4 风险分析 ·· 041

  2.2.5 可行性研究结论与建议 ·· 047

第 3 章　项目设计管理

3.1 项目总体设计管理体系 ·· 051

  3.1.1 设计工作程序 ·· 051

  3.1.2 设计管理流程 ·· 052

3.2 设计计划 ·· 054

3.3 设计实施 ·· 056

3.4 设计控制 ·· 057

3.5 价值工程 ·· 059

3.6 限额设计 060

3.7 中山大学附属第一（南沙）医院设计问题及解决措施 063

 3.7.1 限额设计及造价控制 063

 3.7.2 主要设备材料品牌表 064

 3.7.3 相关专业图纸的深化设计 065

 3.7.4 造价文件编制问题 066

 3.7.5 协同工作沟通及工作时限性的问题 068

 3.7.6 设计优化工作 069

第4章 项目招标投标管理

4.1 招标前期工作 073

 4.1.1 项目概况 073

 4.1.2 前期工作情况 075

 4.1.3 招标方式 075

 4.1.4 最高投标限价 075

 4.1.5 招标控制价经济指标合理性分析 077

 4.1.6 类似工程可研估算与审定概（预）算下浮率情况 086

4.2 技术方案分析 088

 4.2.1 设计方案 089

 4.2.2 采购方案 097

 4.2.3 施工方案 099

4.3　管理方案分析 ·· 101

4.4　商务标管理 ·· 105

第5章　项目造价管理

5.1　造价管理组织架构 ·· 108

5.2　全过程工程造价管理方案 ·· 109

  5.2.1　全过程工程造价控制的总体原则 ·· 109

  5.2.2　投资估算阶段工程造价控制 ··· 110

  5.2.3　招标阶段工程造价控制 ··· 111

  5.2.4　设计阶段工程造价控制 ··· 113

  5.2.5　施工阶段的工程造价控制 ··· 117

  5.2.6　全过程动态造价管控措施 ··· 119

第6章　项目施工质量管理及进度管理

6.1　报批报建管理 ·· 122

6.2　施工质量管理标准体系 ·· 123

  6.2.1　树立对标国家级奖项的施工标准 ·· 123

  6.2.2　质量管理工作程序 ·· 124

  6.2.3　注重实体质量管控 ·· 125

  6.2.4　表观质量管理要求 ·· 127

6.3 施工进度管理要求 ··· 129

    6.3.1 施工进度审核程序 ·· 130

    6.3.2 工程形象进度及工程款支付的审批 ·· 131

    6.3.3 进度管理考核制度 ·· 132

6.4 安全文明施工管理要求 ··· 133

    6.4.1 安全文明管理一般规定 ··· 133

    6.4.2 环境保护一般规定 ·· 134

    6.4.3 职业健康一般规定 ·· 134

    6.4.4 安全保证措施及安全生产管理人员投入要求 ··································· 135

    6.4.5 危险性较大工程的安全管理 ··· 135

第7章 项目环境影响评价

7.1 疫情背景下的环保投资 ··· 138

7.2 环境经济损益分析 ·· 140

    7.2.1 水环境损益分析 ·· 140

    7.2.2 大气环境损益分析 ·· 140

    7.2.3 声环境损益分析 ·· 140

    7.2.4 固体废物环境损益分析 ··· 141

    7.2.5 项目经济效益及环境影响经济损益分析结论 ··································· 141

7.3 环境管理工作方案及环境保护措施 ·· 143

    7.3.1 环境评价工作过程 ·· 143

  7.3.2 应重点关注的主要环境问题 ·················· 144

  7.3.3 环境保护措施 ·················· 146

第8章 中山大学附属第一（南沙）医院投资控制措施与效果评价

8.1 充分发挥 EPC 建设模式优势，从源头做好投资控制 ·················· 153

8.2 充分发挥各专项咨询力量，做好过程管控 ·················· 154

8.3 抓好重点阶段的造价控制 ·················· 155

8.4 以设计环节工程造价控制为核心 ·················· 156

参考文献 ·················· 157

第1章

中山大学附属第一（南沙）医院建设概况及项目管理要求

1.1 项目建设背景

南沙区位于国家一线城市广州市南部,珠江出海口西岸,地处中国经济引擎之一珠江三角洲的地理几何中心,是广东对外开放的重要平台,也是中国 21 世纪海上丝绸之路的重要枢纽。南沙区周边 100km 范围内分布了珠三角最繁荣的 11 个城市,聚集了 6000 多万人口,占我国约 1/7 的国民生产总值。

南沙区于 2005 年成为广州的行政区,2012 年和 2014 年先后经国务院批准为国家新区和自贸试验区,形成了"双区"叠加的发展优势,自此,南沙区的开发建设上升为国家战略。南沙区作为中国新一轮改革开放的重要先行地,成为新时期代表国家参与新一轮经济全球化竞争与合作的重要载体和平台。

2012 年 9 月,国务院正式批复《广州南沙新区发展规划》,明确了南沙新区发展的战略定位:立足广州、依托珠三角、连接港澳、服务内地、面向世界,将南沙新区建设成为粤港澳优质生活圈、新型城市化典范、以生产性服务业为主导的现代产业新高地、具有世界先进水平的综合服务枢纽、社会管理服务创新试验区,打造粤港澳全面合作示范区。随着南沙区经济的蓬勃发展和招商引资进程的加快,其人口数量也在持续攀升,这一系列的变化使得南沙区对医疗卫生服务设施的需求愈发迫切。

当前,南沙区的医疗服务能力落后于全市平均水平,这与南沙区社会经济发展现状以及未来的发展规划和目标严重脱节。其落后的医疗水平不仅加剧了老城区大型医疗机构的服务压力，也对广州市卫生医疗事业的整体发展进程带来了阻碍。具体而言，南沙区缺乏大型三级医院，医院数量在广州全市仅居第 8 位，实有床位数和千人床位数均处于第 11 位，医疗设施及服务水平亟待改善，因此亟需加快推进大型医院的建设工作以满足南沙新区的发展，为南沙区的持续稳定发展提供有力支撑。

为完成国家、省、市对南沙区的战略部署及发展目标，把南沙区建设成为空间布局合理、生态环境优美、基础设施完善、公共服务优质、具有国际影响力的深化粤港澳全面合作的国家级新区，南沙区政府拟引入多家国家、省、市一流的医疗机构资源，以实现强强联手，学科优势互补，打造高水平、强竞争力的粤港澳大湾区医疗中心新高地，为国家"一带一路"倡议和粤港澳大湾区发展战略提供高水平医疗服务。

中山大学附属第一医院（以下简称"中山一院"）是国内规模最大、综合实力最强的医院之一，也是华南地区医疗保健与疑难重症救治、医学人才培养和医学科学研究的重要基地，素以"技精德高"在海内外声誉斐然。医院积极服务于国家"一带一路"战略和粤港澳大湾区发展战略，凭借自身雄厚的医疗、教学、科研实力及社会影响力，能有效提升南沙区医疗服务水平，为南沙区打造一个集医疗、教学、科研于一体的广州医疗副中心平台。

在此背景之下，2017 年 9 月南沙区政府与中山大学附属第一医院签署合作协议，携手在南沙区合作共建中山大学附属第一（南沙）医院。2018 年 1 月，《广州市医疗卫生设施布局规划（2011—2020 年）》（修编）将该合作医院纳入规划，规划新建中山大学附属第一（南沙）医院，选址定于南沙区横沥镇明珠湾起步区横沥岛，规划总床位数达 1500 张。

1.2 EPC 总承包模式

1.2.1 工程总承包与 EPC 总承包

工程总承包是指从事工程总承包的企业（以下简称工程总承包企业）受业主委托，依据医院规模按照合同约定对工程项目的勘察、设计、采购、施工、试运行（竣工验收）等实行全过程或若干阶段的承包。总承包企业需协调设计、采购与施工之间的关系，对整个项目建设的过程负责。工程总承包利用设计的主导地位，在设计、采购与施工进度上进行合理交叉，不仅有利于工期的缩短，还可以合理把控整个项目的成本、HSE（健康、安全和环境管理体系）、质量、进度，实现项目各环节的无缝衔接，进而大幅提升工作效率。

住房和城乡建设部、国家发展改革委制定的《房屋建筑和市政基础设施项目工程总承包管理办法》（建市规〔2019〕12 号）中的工程总承包，是指承包单位按照与建设单位签订的合同，对工程设计、采购、施工或者设计、施工等阶段实行总承包，并对工程的质量、安全、工期和造价等全面负责的工程建设组织实施方式。

中国建设工程造价管理协会制定的团体标准《建设项目工程总承包计价规范》（T/CCEA S001—2022）中定义工程总承包（EPC and DB contracting）为承包人按照与发包人订立的建设项目工程总承包合同，对约定范围内的设计、采购、施工或者设计、施工等阶段实行承包建设，并对工程的质量、安全、工期和造价等全面负责的工程建设组织实施方式。

EPC总承包又称为交钥匙总承包,即设计-采购-施工(Engineering、Procurement、Construction,EPC),指工程总承包企业按照合同约定,承包工程项目的设计、采购、施工、试运行服务等工作,并对承包工程的质量、安全、工期、造价全面负责。通过这种方式,业主能够直接获得一个现成的工程,由业主"转动钥匙"即可运行。

工程总承包的具体方式、工作内容和责任等,由业主与工程总承包企业在合同中约定。根据工程项目的不同规模、类型和业主要求,工程总承包还可采用设计-采购总承包(E-P)、采购-施工总承包(P-C)、设计-施工总承包(D-B)等方式。设计-施工总承包是指工程总承包企业按照合同约定,承担工程项目设计和施工,并对承包工程的质量、安全、工期、造价全面负责。交钥匙总承包(EPC)是设计采购施工总承包业务和责任的延伸,其目的是最终向业主提交一个满足使用功能、具备使用条件的工程项目。

EPC工程总承包具有以下特点:

(1)在工程项目经济效益可观的情况下,EPC总承包模式将施工与设计有机结合,不仅能提升工程项目的经济效益,还能促进项目的集成化管理。

(2)具有不同的风险分配方式。业主和EPC总承包商的风险分配方式有所不同,EPC总承包商需承担较大的工程风险状况,因此,其对于抗风险的能力要求也相对较高。

(3)总承包商在EPC模式中居于核心地位,肩负着对工程的设计、采购与施工等各项程序统筹协调的重任,所以,EPC总承包商要具备较高的工作水平与协调能力。

(4)EPC总承包商在与业主签订完合同之后,其便由被动转为主动,业主的权利会受到限制，同时业主在工程项目的实施中管理内容少且简单。

1.2.2 EPC 建设管理基本状况

工程总承包是国际通行的建设项目组织实施方式，EPC 作为一种工程交易模式，在国际工程领域的现代化大型建设项目和公共基础设施建设中得以广泛应用，其在国际工程交易模式的主导地位愈发显著。DBIA（美国设计建造学会）的一项研究表明，2015 年时，EPC 模式在工程总承包市场上的应用比例达 55%。我国早在 1984 年就开始进行工程总承包试点工作，在工程建设领域，我国也一直提倡采用工程总承包模式。自鲁布革水电站建设因使用国际贷款被要求按照国际惯例对饮水系统工程实施国际招标起，工程管理新模式首次踏入国内电站建设领域。经过 20 余年的发展，到 2005 年，建设部颁布实施的《建设项目工程总承包管理规范》（GB/T 50358—2005，已废止），标志着我国工程项目总承包管理进入了一个崭新的阶段。经济的快速发展为我国项目总承包提供了广阔的市场，2005 年我国完成了 217.6 亿美元额度的对外承包业务，2011 年上升到 1034.2 亿美元，而 2012 年则超过 1500 亿美元，在 2014 年 9 月发布的 ENR（Engineering News Record）国际业务板块前 250 强榜单里，中国有 62 家企业上榜。与此同时，随着项目总承包市场需求的不断扩大和业主认可度的日益提升，EPC 模式在许多大型建筑企业中逐渐成为主流，如浦东国际机场、上海金茂大厦、天津国际大厦、城建大厦等国内项目均采用了此模式。我国 EPC 工程总承包企业在 EPC 工程总承包业务开展上取得了一些可喜的成绩，但在 EPC 业务规模和结构等方面与国际同行业水平相比仍有一定差距。2014 年位居 ENR 首位的西班牙 GRUPOACS 公司，其海外营业额为 440.54 亿美元，占中国所有上榜企业完成国际营业收入的 55.75%，同年我国建筑行业的产值为 34071 亿元，而工程总承包企业完成的工程总承包合同额为 4568 亿元，仅占比 13.4%。2016 年，住房和城乡建设部《关于进一步推进工程总承包发展的若干意见》（建市〔2016〕93 号）指出，大力推进工程总承包，有利于提升项目可行性研究和初步设计深度，实现设计、采购、施工等各阶段工作的深度融合，提高工程建设水平；有利于发挥工程总承包企业的技术和管理优势，促进企业做优做强，推动产业转型升级，服务于"一带一路"战略实施，并就完善工程总承包管理制度、提升企业工程总承包能力和水平、加强推进工程总承包发展的组织和实施方面提出明确意见。2017 年，国务院办公厅《关于促进建筑业持续健康发展的意见》（国办发〔2017〕19 号）再次强调要完善工程建设组织模式，加快推行工程总承包。随着我国与世界经济一体化进程的持续推进，以及国家、业主、投资者和大中型建筑企业对 EPC 工程总承包的认知与接纳程度不断加深，EPC 工程总承包在我国工程建设领域的应用前景愈发广阔，有望获得更为广泛的应用，并逐步成为工程交易的主要方式之一。

1.2.3 工程总承包模式的适用条件

业主在启动一个工程建设项目时，首先应确定采用何种运作模式来完成该项目，比如可以采用传统的承包模式或者工程总承包模式。《房屋建筑和市政基础设施项目工程总承包管理办法》（建市规〔2019〕12 号）中指出，建设内容明确、技术方案成熟的项目，适宜采用工程总承包方式。工程总承包模式通常适用于具有下列条件的项目：

（1）设计、采购、施工、试运行交叉和关系密切的项目；

（2）采购工作量大、周期长的项目；

（3）业主缺乏项目管理经验、项目管理能力不足的项目。

1.2.4 我国施行 EPC 模式的阻碍因素

长期以来，我国建筑行业主管部门一直在倡导实施工程总承包管理模式，但由于配套政策、市场发展等因素，我国 EPC 工程总承包的推行仍面临一些困难。

（1）法律法规不健全，工程总承包的规范化开展受到制约。

目前，我国现行的投资管理体制是基于设计、施工平行发包（DBB）模式管理理念设计与制定的，经过长期发展，项目管理各个层面的法规制度已基本健全，项目实施的各个环节也都形成了规范的文件范本和有效的管控机制。而工程总承包在我国已推行多年，但一直缺少专门的法律法规予以规范。工程监理、咨询、设计、施工企业资质划分过细，形成行业壁垒，限制总承包企业业务开展范围；在现行工程招标投标管理办法中，其对工程总承包模式的招标投标也没有进行明确的条款说明，缺乏适用于工程总承包模式的招标文件范本；施工许可、质量安全监督、竣工验收备案等政府监管配套程序尚未及时更新对接。因此，由于国内相关法律、法规的不完善及相关政策的缺乏，客观上使得国际通行的工程承包形式难以在短时间内成为国内建筑市场的主流承包模式。

（2）缺少具体实施层面的指导规范，操作难度大，政策风险、管理风险较大。

对于政府投资项目，项目管理、资金使用的规范性、合理性要接受投资部门和管理部门的监管，纵观我国固定资产投资项目管理法规制度，关于工程总承包方面的制度表述一直处于空白状态，更没有相关费用的取费标准、概算编制要求及工程总承包费用的成本列支等系统、细化的管理要求；工程总承包项目的发包有原则性意见，可以选择设计单位牵头，也可以选择施工单位牵头，还可以采用联合体，不同的模式对于资格设置、评标办法有不同的侧重要求，选择结果对项目后期管理质量至关重要，而相关具体原则、规范、要求、标准缺少操作层面的指导规范；工程总承包合同通常可以采用总价合同或者成本加酬金合同，然而具体模式的选择应用原则仍处于实践探索阶段，当下，不少EPC总承包合同采用单价合同形式，根据实际工程量进行结算，无法实现真正意义上的总价包干；总承包介入应在可行性研究之后还是初步设计之后更为合适，诸如此类的一系列问题需要业主在前期统筹考虑，在后续的项目管理进程中，业主不得不直面巨大的不确定风险，以及面对具体操作事宜时，常常陷入手足无措的尴尬局面，这极大限制了业主的积极性。

（3）市场发展对于EPC的推广应用支撑不足。

对于业主而言，由于管理体制、操作规范的不完善，总承包模式下其对项目的监管力度有所削弱，且面临着较大的不确定风险，导致应用EPC模式的动力不足。尽管我国已提倡推行工程总承包管理模式多年，然而对于典型的成功项目，经验总结、政策建议、管理固化、宣传推广等总结、改进、推广工作仍有所欠缺。工程总承包企业的资质和能力不足，亦不能对EPC工程总承包的应用形成有效支撑。投资作为驱动经济增长的关键力量之一，在国民经济中占据着举足轻重的地位，由于投资规模的稳定增长，工程建设相关单位尚未感觉到生存压力，因而未能有效构建起推动工程建设行业转型升级的倒逼机制，这直接导致工程建设企业向工程总承包企业转型升级和改革创新的动力不足，具有真正意义上的设计、采购、施工综合资质和能力的企业数量稀少，整体上对于EPC推广应用的承接和支撑能力较为薄弱。目前新建项目投资减少，这一矛盾更加凸显出来。

（4）推行EPC模式初期出台的文件，总承包方承担的风险过大。

《建设项目工程总承包合同（示范文本）》（GF—2020—0216）中关于合同价格形式有以下规定：合同价格形式为总价合同，除根据合同约定的在工程实施过程中需进行增减的款项外，合同价格不予调整，但合同当事人另有约定的除外。价格清单列出的任何数量仅为估算的工作量，不得将其视为要求承包人实施的工程的实际或准确的工作量。在价格清单中列出的任何工作量和价格数据仅限用于变更和支付的参考资料，而不能用于其他目的。在承包人现场查勘条款中规定：承包人提交投标文件，视为承包人已对施工现场及周围环境进行了踏勘，并已充分了解评估施工现场及周围环境对工程可能产生的影响，自愿承担相应风险与责任。在现时投标期很短的情况下，承包人承担的风险较大，但与之相对应的收益却未得到充分的彰显，由此一来十分不利于总承包模式的推行。

1.2.5　我国推行工程总承包的政策引导

我国工程总承包的提出，起源于基本建设管理体制的改革。我国也一直提倡采用工程总承包模式建设工程，原建设部从1984年开始下发文件进行工程总承包试点工作。历经20余年，特别是原建设部于2003年颁布的《关于培育发展工程总承包和工程项目管理企业的指导意见》（建市〔2003〕30号）以及2005年颁布实施的《建设项目工程总承包管理规范》（GB/T 50358—2005，已废止）标志着我国工程总承包进入了一个新阶段。

近年来相关部门也不断出台一些意见和管理规范。2016年2月6日中共中央、国务院印发《关于进一步加强城市规划建设管理工作的若干意见》中明确提出：深化建设项目组织实施方式改革，推广工程总承包制。为深入贯彻落实《关于进一步加强城市规划建设管理工作的若干意见》，深化建设项目组织实施方式改革，推广工程总承包制，提升工程建设质量和效益，住房和城乡建设部于2016年5月20日印发《住房城乡建设部关于进一步推进工程总承包发展的若干意见》（建市〔2016〕93号），旨在大力推动工程总承包模式在建设领域的广泛应用与稳健发展。

2017年2月21日，国务院办公厅印发《关于促进建筑业持续健康发展的意见》（国办发〔2017〕19号）明确要求完善"工程建设组织模式"，倡导培育全过程工程咨询，鼓励投资咨询、勘察、设计、监理、招标代理、造价等企业采取联合经营、并购重组等方式发展全过程工程咨询，加快推行工程总承包，加快完善工程总承包相关的招标投标、施工许可、竣工验收等制度规定。按照总承包负总责的原则，落实工程总承包单位在工程质量安全、进度控制、成本管理等方面的责任。从行业发展的角度而言，全过程工程咨询的发展关乎工程咨询的资源整合，推行工程总承包逐步形成建设工程项目全生命周期的一体化工程建设体系，可以培育一批智力密集型、技术复合型、管理集约型、工艺创新型人才。

住房和城乡建设部于2018年1月份发布《建设项目工程总承包管理规范》（GB/T 50358—2017），其在原《建设项目工程总承包管理规范》（GB/T 50358—2005）的基础上做出了修订，主要技术内容涉及规范工程总承包管理的组织、项目策划、项目设计管理、项目采购管理、项目施工管理、项目试运行管理、项目风险管理、项目进度管理、项目费用管理、项目安全、职业健康与环境管理、项目资源管理、项目沟通与信息管理，项目合同管理、项目收尾等规范性管理。为贯彻落实《关于进一步加强城市规划建设管理工作的若干意见》和《关于促进建筑业持续健康发展的意见》（国办发〔2017〕19号），2019年12月国家住房和城乡建设部、国家发展改革委发布了《房屋建筑和市政基础设施项目工程总承包管理办法》（建市规〔2019〕12号），以期进一步规范房屋建筑和市政基础设施项目工程总承包活动，提升工程建设质量和效益，同时促进工程总承包的健康发展。

1.2.6 中山大学附属第一（南沙）医院项目的总承包模式

中山大学附属第一（南沙）医院项目整体架构如下：

```
                                    ┌── 全过程造价咨询（联合体）
广州南沙重点建设项目推进办公室 ──────┼── 总承包（联合体）
                                    └── 监理（联合体）
```

即采用勘察、设计、施工总承包的联合体总承包模式，其勘察单位为广东省工程勘察院（成），设计单位为中国建筑西南设计研究院有限公司（成）和中国建筑第八工程局有限公司（主）。同时，重点办与咨询方、监理方签订了造价咨询合同与监理合同。具体见表1-1。

表 1-1　工程建设总承包相关单位及工作内容

工程名称	中山大学附属第一（南沙）医院（北区）	工程性质		新建工程/医疗卫生
建设单位	广州南沙重点建设项目推进办公室	项目承包范围		勘察、设计、施工总承包
设计单位	中国建筑西南设计研究院有限公司	主要分包工程		软基处理、土建工程、装饰装修工程、精装修工程、室外配套工程、绿色建筑工程、电气工程、给水排水工程、消防工程、空调与通风系统、智能化工程、停车场管理及标识、抗震支架、泛光照明、电梯采购与安装、有线电视、燃气工程、电力工程、电信工程、防雷工程、白蚁防治工程、环保工程、停车充电桩、外水、外电及燃气接入工程、医用系统
勘察单位	广东省工程勘察院	合同要求	质量	确保国家优质工程，争创鲁班奖
监理单位	广州建筑工程监理有限公司		工期	2020年10月31日首期竣工验收满足开业条件
总承包单位	中国建筑第八工程局有限公司		安全	（1）杜绝发生一般事故等级及以上的伤亡事故且工伤责任事故死亡人数为零；（2）达到广东省建筑工程安全生产文明施工优良样板工地标准

其中，项目管理组织机构见图1-1。

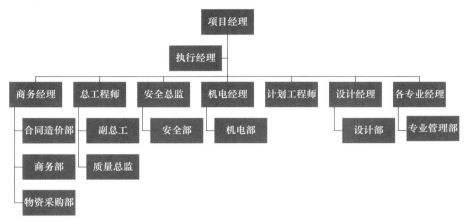

图1-1　项目管理组织机构

1.3 项目建设概况及管理要求

1.3.1 项目地块状况

中山大学附属第一(南沙)医院占地面积155934m^2，分南北两个地块，地块一占地90586m^2，地块二占地65348m^2。总建筑面积为506010m^2，其中计容面积为331810m^2，不计容面积为174200m^2，设置1500张床位。主要建设内容包括门诊医技楼、住院楼、教学学术大楼、科研医学大楼、动物实验楼、宿舍楼、行政综合楼和地下室等。项目总投资约48.2亿元。

项目选址位于广州南沙明珠湾起步区横沥岛西侧，地块附近受部分拆迁影响，周围市政道路配套完善，西侧毗邻番中公路，东侧为凤凰二桥，交通便利。

1.3.2 项目实施内容及范围

本项目施工范围为用地选址意见书中规划用地的红线范围，实施内容包括从设计阶段到项目完工验收过程中的设计、土建工程、设备采购安装、竣工后试用等整个工程内容，以及红线内水、电、气等管线所涉及的全部勘察设计施工工作。

本工程采用设计施工一体化招标，工程量以经审批的图纸为准。

总承包单位需同时负责办理工程开工及验收所需的各项手续,包括但不限于前期设计报批报建程序、施工许可证(及临时施工复函)、专业报建报装手续、余泥排放证、排污手续、排水接驳、水质检测、排水许可证等;要负责办理本工程范围内验收所需的各项手续,包括但不限于办理环保验收、消防验收、节能备案、分部分项工程验收、各专业验收及通邮手续等,并承担办理上述手续的相关费用。

1.3.3 项目管理目标

中山大学附属第一(南沙)医院建设项目为广州市南沙区重点建设项目,其总体管理目标如表1-2所示。

表1-2 项目管理目标

项目管理目标	目标值
工期	2020年10月31日首期竣工验收满足开业条件
质量	确保国家优质工程,争创鲁班奖
安全	(1)确保达到广东省建筑工程安全生产文明施工优良样板工地、争创全国AAA级安全文明标准化工地。 (2)打造安全行为之星示范项目
绿色施工	项目整体获得绿色建筑二星级设计标识,并获全国建筑业绿色施工示范工程
科技管理	广东省新技术应用示范工程、省部级科技进步奖
智慧建造	国家级BIM应用一等奖,全国智慧工地管理示范项目
观摩示范	(1)省级质量、安全观摩示范工地。 (2)全国绿色施工、智慧建造观摩示范工地

1. 工期管理目标

本项目的总工期目标为:2018年6月30日开工,2020年10月31日首期竣工,2021年6月30日其他项目竣工验收。

关键工期节点如下：

（1）2018年6月30日工程开工建设

（2）2018年7月15日完成地质勘察

（3）2018年9月15日完成基坑支护

（4）2018年10月30日完成初步设计

（5）2019年1月15日完成桩基工程

（6）2019年5月30日完成地下室封顶

（7）2019年9月30日主体封顶

（8）2020年10月31日首期竣工验收

（9）2021年6月30日其他项目竣工验收

上述工期计划综合考虑了各类影响因素，包括不利天气条件、土地收储情况，以及可能出现的不良地质状况等对工期造成的影响，同时将节日休息放假因素纳入其中，不再因各项技术文件缺失、施工证照办理不完善而调整工期。

2. 质量管理目标

设计目标：贯彻先进合理的"五透"设计理念，"五透"即透风、透景、透绿、透水、透人，并按照现代化医疗的工艺、设备、流程和环境的专业要求进行设计，确保获得省部级优秀工程勘察设计奖，争创全国优秀工程勘察设计奖。

工程质量目标：确保一次交验合格率达100%且获得国家优质工程奖，争创鲁班奖、詹天佑奖、国家优质工程金奖、国家科技创新奖等奖项。

绿建目标：积极应用"四新技术"，达到绿色院区、星级建筑的标准，争创绿色建筑创新奖。

3. 安全与文明施工管理目标

职业健康安全管理目标：杜绝发生一般事故等级及以上的伤亡事故且死亡人数为零，确保获得广东省建筑业绿色施工示范工程及广东省安全文明样板工地称号。

环境管理目标：严格执行《广州市委宣传部　广州市住房和城乡建设委员会　广州市城市管理委员会　关于完善广州市建设工程施工围蔽管理提升实施技术要求和标准图集的通知》等相关规章制度并达到相应要求。

4. 投资控制管理目标

分解限额设计指标，狠抓设计管理，严格把控工程变更、索赔及结算管理，确保投资目标控制在可行性研究批复金额范围之内。

1.4 组织管理要求

1.4.1 中山大学附属第一（南沙）医院的投资建设及管理模式

本项目由广州南沙重点建设项目推进办公室（现为广州南沙经济技术开发建设中心）主持建设，业主单位是南沙区卫生健康局，使用业主是中山大学附属第一（南沙）医院。公立医院建设项目的资金来源于政府财政投入，管理模式由政府主持建设，使用方属于医院。建设单位主要负责前期的招标投标工作，同时发包人根据工程实施情况，有权对承包人的承包范围及内容进行适当调整，也有权对合同所规定的工程工期（包括关键节点工期和竣工日期）进行适当调整。

为了强化建设实施管理工作并实现工期目标，本项目采用设计施工总承包模式。总承包单位是由中国建筑第八工程局有限公司（主）、中国建筑西南设计研究院有限公司（成）、广东省工程勘察院（成）组成的联合体。总承包方式为：包勘察、包设计、包工、包料、包施工措施（含场地准备及临时设施费、绿色施工措施等）、包质量、包安全生产、包文明施工、包工期、包承包范围内工程验收通过、包移交、包保修、包结算、包资料整理移交档案、包施工承包管理和现场整体组织、包专业协调及配合等。作为联合体的总承包，施工与设计需要紧密配合完成本项目规划用地红线范围内的勘察、设计及施工工作，包括但不限于以下工作内容：

（1）工程勘察工作；

（2）工程设计工作；

（3）工程施工工作；

（4）创优工作；

（5）其他，主要包括 BIM 技术应用、概预算造价文件编制、报批报建以及制定中山大学附属第一（南沙）医院项目整体的创优方案及相应的标准、设计标准方案、建设目标方案、项目管理方案、总平面图布置等发包人布置的其他任务，并组织相关的医疗工艺、医疗设计方面的专家评审会等。

1.4.2 项目机构管理要求

根据本项目地块状况，从组织施工方面考虑，按照南北两个地块，总承包下设两个分部：项目一分部负责实施东合路以北地块一 9.06 万 m^2 范围内的所有建设内容；项目二分部负责东合路以南地块二 6.5 万 m^2 范围内的所有建设内容。两个分部均设置单独的职能部门，由总承包商统筹协调。

项目的组织架构见图 1-2。总承包管理层由指挥长、项目经理、项目副经理（含设计负责人）及技术负责人等组成；设计管理部由设计负责人牵头负责，具体落实设计及深化设计工作；造价部由造价、合同部门负责人组成，具体负责全过程投资、造价控制及验工计价；执行层由工程部、质安部、综合部等部门负责人组成，并分工负责施工过程策划、质量控制、工期控制、安全控制、环境控制、接口管理等工作。

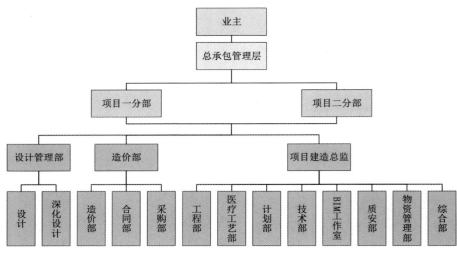

图 1-2 项目组织架构

1.4.3 项目有关人员配备要求

工程总承包模式管理的重要工作内容之一是要落实《发包人要求》，其中对承包人的主要人员资格要求相对较高。本项目施工管理人员的最低要求详见表 1-3。除指挥长和项目经理外，项目一、二分部人员设置均需按此要求配置，且必须是承包人本单位正式职工，各岗位人员不得相互兼职，施工期间不得更换，否则按合同约定承担违约责任。

表 1-3 项目一、二分部组成人员配备要求

序号	职务	人数	基本任职条件
1	指挥长	1	由总承包现任副总经理、总工程师或以上行政职务担任，且应已任该职满半年或以上并获得领导或业主的认可
2	项目经理	1	（1）资格要求：具有高级职称，且须具备注册于本单位的建筑工程专业一级注册建造师执业资格证书或临时注册建造师执业资格证书并持有在有效期内的安全生产考核合格证书（B类）。

续表

序号	职务	人数	基本任职条件
2	项目经理	1	（2）业绩要求：自2014年1月1日至今已完成过质量合格且不低于5万 m^2 建筑面积的医院建筑工程。 （3）每月驻场时间不得少于22日，且不得兼任其他项目的任何职务
3	项目副经理	2	（1）资格要求：具有高级职称，且须具备注册于本单位的建筑工程专业一级注册建造师执业资格证书或临时注册建造师执业资格证书并持有在有效期内的安全生产考核合格证书（B类）。 （2）业绩要求：自2014年1月1日至今已完成过质量合格且不低于3万 m^2 建筑面积的医院建筑工程。 （3）每月驻场时间不得少于22日，且不得兼任其他项目的任何职务
4	技术负责人	1	（1）资格要求：具备有效的且注册于本单位的一级建筑师注册证书，具有建筑专业高级技术职称。设计负责人与项目负责人不能为同一人。 （2）业绩要求：作为设计负责人，自2012年1月至今至少完成一项不低于5万 m^2 建筑面积的房屋建筑工程。 （3）每月驻场时间不得少于22日，且不得兼任其他项目的任何职务
5	土建工程师	1	在编人员，所学专业及职称为土木工程类相关专业，具备中级或以上技术职称，年龄在55岁（含）以下
6	钢结构工程师	1	在编人员，所学专业及职称为钢结构类相关专业，具备中级或以上技术职称，年龄在55岁（含）以下
7	幕墙工程师	1	在编人员，所学专业及职称为幕墙类相关专业，具备中级或以上技术职称，年龄在55岁（含）以下
8	电梯工程师	1	在编人员，所学专业及职称为电梯类相关专业，具备中级或以上技术职称，年龄在55岁（含）以下
9	电气工程师	1	在编人员，所学专业及职称为强电类相关专业，具备中级或以上技术职称，年龄在55岁（含）以下
10	给水排水工程师	1	在编人员，所学专业及职称为给排水类相关专业，具备中级或以上技术职称，年龄在55岁（含）以下
11	装饰装修工程师	1	在编人员，所学专业及职称为装饰装修类相关专业，具备中级或以上技术职称，年龄在55岁（含）以下
12	造价工程师	2	在编人员，一名应具有注册造价工程师资格，且有5年以上造价工作经验，年龄55岁（含）以下；另一名应具有造价员资格证书，且有3年以上造价工作经验

续表

序号	职务	人数	基本任职条件
13	测量工程师	2	在编人员，所学专业及职称为测量相关专业，具备中级或以上技术职称，且有5年以上测量技术工作经验，年龄在55岁（含）以下
14	质检工程师	2	在编人员，专业应分别为土木工程类、机电安装相关专业，具备中级或以上技术职称，年龄在55岁（含）以下，具有质量工程师证书或建设行政主管部门颁发的质检员证书
15	计划合同管理工程师	1	在编人员，所学专业及职称为建筑类相关专业，具备中级或以上技术职称，且有3年以上合同工作经验，年龄在55岁（含）以下
16	机械设备管理工程师	1	在编人员，所学专业及职称为机械类、机电一体化相关专业，具备中级或以上技术职称，年龄在55岁（含）以下
17	安全员	3	在编人员，具备中级或以上技术职称，具有省级建设行政主管部门颁发的安全考核C证，且有5年以上施工安全工作经验，年龄在55岁（含）以下，其中一人具有6000万元以上大型工程施工安全管理经验
18	资料员	2	房屋建筑相关专业大专以上学历，有5年或以上相关工作经验，熟悉各种办公软件的使用，年龄在45岁（含）以下。具有建设行政主管部门颁发的资料员证书，且应至少有一名资料员的主管项目获得过省级以上质量优良工程
19	技术员	2	土建类、机电类相关专业各一名，大学本科以上学历，有5年以上工作经验
20	施工员	16	混凝土4名、钢筋4名、模板和脚手架2名、幕墙2名、电梯2名、装饰装修2名，大专以上学历，具有建设行政主管部门颁发的施工员资格证书，且有5年以上施工工作经验
21	材料管理工程师	2	分别具备土木建筑、机电安装相关专业初级以上技术职称，且有5年以上材料管理工作经验
22	试验检测工程师	1	所学专业及职称为土木工程、建材类相关专业，具备初级或以上技术职称和试验检测资格证，且有3年以上试验检测工作经验，年龄在55岁（含）以下
	小计	46	

第 2 章

项目前期管理

EPC总承包项目的前期策划，即在项目前期，根据业主方总的目标要求，从不同的角度出发，通过对建设项目进行系统分析，对建设活动的总体战略进行运筹、规划，并对建设活动的全过程进行预先的考虑和设想，以便在建设活动的时间、空间、结构三维关系中选择最佳的结合点，重组资源并展开项目运作，为保证项目在完成后获得满意、可靠的经济效益、环境效益和社会效益提供科学依据。与此同时，前期策划应考虑到整个项目全过程中的所有问题。

2.1 项目建议书

项目建议书，又称项目立项申请书，是由项目筹建单位或项目法人根据国民经济的发展、国家和地方中长期规划、产业政策、生产力布局、国内外市场、所在地的内外部条件综合考虑，就某一具体新建、扩建项目提出的项目的建议文件，是对拟建项目提出的框架性的总体设想。从宏观上论述项目设立的必要性和可能性，把项目投资的设想变为概略的投资建议。项目建议书研究与项目有关的国家政策和地方法规，是立项过程中获得审批的重要步骤，需对项目提出具体化合理建议，包括投资方的投资设想和投资建议，拟建此项目的原因，保障项目实施的措施等都应体现在项目建议书中。因此该环节在整个项目建设过程中处于基础地位，其决定着将来项目资金的运用和项目实施的可能性，需有经验的工程管理人员在此阶段介入，提前做出预案，以便对后期可能出现的风险进行精准识别与防范，从项目实施上少走弯路，减少无谓的资金浪费，规避将来可能出现的问题和隐患。

项目建议书一般包括下列内容：（1）项目提出的必要性和依据；（2）项目产品或服务的市场现状和发展趋势预测；（3）产品策略、项目规模和用地设想；（4）建设项目必要的条件，已具备和尚不具备的条件；（5）资金筹备和投资预算的设想；（6）投资效果和利润空间的估计；（7）项目所做的假设；（8）项目内外影响；（9）项目风险；（10）项目的制约和限制条件等。

原南沙区卫生和计划生育局（现卫生健康局）根据广东省国际工程咨询有限公司的评估报告向南沙区发展和改革局提出将中山大学附属第一（南沙）医院项目纳入2018年度立项计划，在得到南沙区发展和改革局的批复（穗南发改项目〔2018〕61号）后，转入本项目的可研阶段。

2.2 可行性研究

可行性研究即在广泛深入调查的基础上,通过市场分析、技术分析、财务分析和国民经济分析,对各种投资项目的技术可行性与经济合理性进行的综合评价。可行性研究的基本任务,是从技术经济角度对新建或改建项目的主要问题进行全面的分析研究,并对其投入使用后的经济效果进行预测,在既定的范围内进行方案论证的选择,以便合理地最大化利用资源,达到预期的社会效益和经济效益目标。

2.2.1 本项目可行性研究情况

中山大学附属第一(南沙)医院项目在广泛调查、认真研究的基础上,参考《投资项目可行性研究指南(试用版)》的相关内容,结合本项目实际情况,研究论证项目建设的必要性、建设内容和规模的合理性、工程方案的可行性、投资估算的合理性等。其可行性研究报告的研究范围主要包括:项目建设的必要性、需求分析、建设地点与建设条件、建设方案、公用工程方案、交通组织方案、绿色建筑、环境保护与劳动卫生、节能分析与海绵城市、建设管理模式、组织机构与人员配置、项目实施进度与工程招标、投资估算与资金筹措、财务分析、风险分析及社会效益分析等。

1. 项目建设的必要性

根据项目所在区域经济社会与医疗卫生事业发展概况进行全面梳理分析，从广州市、南沙区两个层面对医疗卫生资源现状和利用情况进行解析。南沙区医院数量和床位数量均低于全市平均水平，医疗服务能力有限，缺乏大型三级医院；卫生资源结构失衡；南沙新区专业公共卫生服务体系建设有待完善，卫生资源相对缺乏；卫生财政投入虽逐年增加，但总体依旧不足。而本项目的建设可落实广州市、南沙区相关规划的要求，与区域发展规划和医疗卫生规划衔接；满足配套南沙区建设，适应区域社会经济高速发展的需要；解决广州市及南沙区地区医疗资源分布不均的问题，满足该区域广大人民群众医疗服务的需要；适应打造大湾区医疗高地，培养高层次医疗及科研团队的需要；更是一个政府与医疗机构合作共赢的良好契机。由此可见，建设中山大学附属第一（南沙）医院是十分必要且迫切的。

2. 项目优势及劣势

从项目建设地点选址角度出发，分析项目优势及劣势，具体如下：

（1）项目选址周边基础设施条件好。本项目选址位于正全面开发建设的明珠湾起步区，城市道路、水利水系、地下空间等城市基础设施日趋完善。项目所在的横沥岛尖通过引入央企展开合作开发，其城市基础设施和公共配套设施于2021年基本完成，2025年发挥中央商务区功能。

（2）项目周边正不断集聚产业和人口。灵山、横沥岛尖上的首批总部楼宇项目基本完成，包括中国交建华南总部及国际总部在内的一批高端总部项目落户。随着土地出让和产业导入进程的加快，灵山、横沥岛尖规划的 13.13 万居住人口将快速集聚，同时还会吸引大量的就业人口和消费人群。

（3）项目选址交通便捷。本项目选址临近地铁 18 号线横沥站，按照地铁 18 号线初步设计资料，2020 年地铁 18 号线冼村——横沥段建成通车，同时规划地铁 15 号线（南沙区内环线）和广中珠澳城际轨道可为本项目提供便捷的交通服务。凤凰大道、番中公路以及附近的广澳高速也为本项目提供了便捷的出行条件。

（4）项目选址征拆少，用地条件较好。本项目选址场地较为平整，用地已报批，需拆迁面积不大，85% 的用地面积不存在拆迁问题。

（5）项目选址靠近外江水岸，环境宜人，景观效果好。

（6）2018 年 3 月，广州南沙开发区管委会召开会议，讨论中山大学附属第一（南沙）医院项目周边道路的调整事宜，原则同意明珠湾开发建设办及国土资源和规划局提出的道路调整方案，其利于交通组织、市政管线敷设，并充分利用土地。医院南北区块的连接在后续规划设计方案中采用空中连廊、空中平台、空中连接体等二层乃至多层空中连通的形式以及地下空间连通等方式解决。本项目各功能分区相对集中，便于管理。

本项目选址方案的劣势如下：

（1）本项目选址原规划为居住用地、学校用地和供电站用地，调整为医院用地需按照控规调整程序依法进行，并完善相关手续。

（2）项目选址需对厂房现状、小学现状和部分临河涌民居进行征拆，会面临一定的拆迁困难。

（3）由于《综合医院建设标准》（建标 110—2008）的床均用地面积为 $109m^2$/床；《广东省医院基本现代化建设标准》为不少于 $130m^2$/床。本项目规划用地 $155934m^2$，建设规模为 1500 张床，床均建设用地约为 $104m^2$，加上科研及教学用房，项目建设用地略显不足。

3. 财务评价

（1）支出估算：支出项目包括医疗支出及药品支出、财务专项支出、其他支出等，本项目测算时只预测了医疗支出、药品支出和其他支出。参照医院目前各项支出的实际情况，对医院未来5年费用支出情况进行预测。

医院职工定员约为3145人，人均工资、奖金、福利性费用等个人支出部分按2021年人均15万元/年，每年增加1.5%计。

项目年耗电量约为6927.02万kWh，年耗水量约119.40万m^3，年耗天然气量约49.15万m^3。根据广州市电价价目表，一般工商业电价为0.8571元/kWh。非居民用水价格为3.46元/m^3。广州市天然气采用阶梯收费标准，非居民用气价格统一为最高限价标准4.36元/m^3。由此估算出水电及燃料费每年为6565万元。

卫生材料费按医疗收入（不含药品收入）的35%计；药品支出费用按药品收入的100%计。

设备及维修费暂按固定资产投资额的1%估算，约为3870万元/年。

（2）收入估算：收入主要包括财政补助收入、医疗收入、药品收入。本项目测算时只考虑了医疗收入、药品收入和其他收入。

医疗收入按住院病人1000元/床·日，门诊病人180元/人次估算。其中，按2021年床位利用率为60%，逐年增加5%，至2027年床位利用率达到90%估算住院收入。按2021年平均日门诊量与床位数之比3∶1，2027年平均日门诊量与床位数之比达到5∶1估算门诊收入。

此外，根据《2016年我国卫生和计划生育事业发展统计公报》，按门诊收入的45%与住院收入的35%之和估算药品收入。

（3）收支平衡分析：由于本项目属于不以营利为目的的公共事业项

目，税率为零。根据上述收支估算的范围，经测算，项目运营初期，收尚不能抵支，随着门诊量增加，可逐步实现收支基本平衡，详见表2-1。

表2-1 每年收入支出平衡表（单位：万元）

序号	项目	2021年	2022年	2023年	2024年	2025年	2026年	2027年
	门诊量（万人次）	164	179	195	212	231	252	274
	床位数（个）	1500	1500	1500	1500	1500	1500	1500
	床位利用率	60%	65%	70%	75%	80%	85%	90%
1	收入	88821	95958	103460	111223	119508	128315	137383
	医疗收入	59157	64249	69593	75116	81000	87244	93668
1.1	门诊收入	29592	32220	35100	38160	41580	45360	49320
	住院收入	29565	32029	34493	36956	39420	41884	44348
1.2	药品收入	23664	25709	27867	30107	32508	35071	37716
1.3	其他收入	6000	6000	6000	6000	6000	6000	6000
2	支出	107021	111301	115781	120406	125313	130500	135834
2.1	人工费用	47175	47883	48601	49330	50070	50821	51583
2.2	药品费用	23664	25709	27867	30107	32508	35071	37716
2.3	卫生材料费	17747	19275	20878	22535	24300	26173	28100
2.4	管理费	2000	2000	2000	2000	2000	2000	2000
2.5	水电及燃料费	6565	6565	6565	6565	6565	6565	6565
2.6	设备及维修费	3870	3870	3870	3870	3870	3870	3870
2.7	其他支出	6000	6000	6000	6000	6000	6000	6000
3	收支结余	−18200	−15344	−12321	−9184	−5805	−2185	1549

本项目属于公益项目，不以营利为目的，财务分析主要测算项目的收支状况，可作为政府投资和项目运营管理的拨款参考依据。经测算，在本项目考察的范围内，项目运营初期收不抵支，政府需根据双方签署的协议提供一定财政支持，随着门诊量增加，医院可以逐步实现收支基本平衡。

4. 社会效益分析

本项目建设是为满足随着社会的发展和人民生活水平的提高对医疗服务所提出的更高要求的需要，同时为满足南沙区完善基础配套设施的需要，其对建设新的生态宜居新城和发展医疗卫生强区有重要意义。

通过分析本项目对社会的影响、项目与所在地的互适性及社会风险，得出结论：项目的实施对广州市社会经济发展的影响利大于弊，而且负面影响可以通过合理手段进行规避。项目具有较好的适应性，能够满足社会经济发展的需求。项目实施可能产生土地征用补偿风险，通过深入研究项目现状和城市经济发展规律，制定合理的土地征用补偿方案，能够避免此风险。该项目的实施具有十分显著的社会效益。

2.2.2 绿色建筑及节能措施

为进一步加强建设领域节能减排工作，促进资源节约型和环境友好型社会建设，实现低碳广州建设目标，广州市政府决定对全市符合特定条件且在一定区域范围内的房屋建筑实施绿色建筑技术。

中山大学附属第一（南沙）医院项目是政府投资占主导的新建房屋建筑项目，拟按绿色建筑三星标准建设。

建筑设计时考虑绿色建筑具体措施（居住建筑与公共建筑）如表2-2所示。

本项目的节能工作重点包括建筑节能和设备节能，主要通过采用先进工艺、先进设备、绿色建筑节能设计及引导人们的节能行为等综合节能措施加以实现。在本项目设计中，节能措施主要通过加大被动节能技术的应用力度实现，总体采用相对集中的整体式规划布局，最大限度地利用自然通风和采光。

表 2-2 绿色建筑具体措施

序号	内容	建筑设计考虑绿色建筑具体措施
节地与室外环境		
1	节约集约利用土地	15 层建筑人地居住用地指标面积≤20m²
2	场地内合理设置绿化用地	绿地率35%；人均公共绿地面积≥1.5m²
3	合理开发利用地下空间	地下空间利用率 Rp ≥ 25%
4	建筑及照明设计产生光污染	玻璃幕墙可见光反射比不大于 0.2，室外夜景照明光污染的限制符合现行行业标准《城市夜景照明设计规范》（JGJ/T 163—2008）的规定
5	场地内环境噪声	符合现行国家标准《声环境质量标准》（GB 3096—2008）的有关规定
6	采取措施降低热岛强度	红线范围内户外活动场地有乔木、构筑物等遮阴措施的面积达到 30%；采用屋顶绿化
7	场地与公共交通设施具有便捷的联系	场地出入口到达公共汽车站的步行距离不大于 500m；有便捷的人行通道联系公共交通站点
8	场地设置避雨防晒的走廊、雨篷	场地内主要建筑之间由避雨防晒的走廊、雨篷连通
9	合理设置停车场所	自行车停车设施位置合理、方便出入，且有遮阳防雨措施；采用地下停车库节约集约用地；合理设计地面停车位，不挤占步行空间及活动场所
10	充分利用场地空间，合理设置绿色雨水基础设施	下凹式绿地、雨水花园等有调蓄雨水功能的绿地和水体的面积之和占绿地面积的比例达到 30%；合理衔接和引导屋面雨水、道路雨水进入地面生态设施，并采取相应的径流污染控制措施；硬质铺装地面中透水铺装面积的比例达到 50%
11	合理规划地表与屋面雨水径流，对场地雨水实施外排总量控制	场地年径流总量控制率达到 70%
12	合理选择绿化方式，科学配置绿化植物	种植适合当地气候和土壤条件的植物，采用乔、灌、草结合的复层绿化，种植区域覆土深度和排水能力满足植物生长需求，不得移植野生植物和树龄超过 30 年的树木；居住建筑绿地每 100m² 乔木不少于 3 株或榕树类树木不少于 1 株

续表

序号	内容	建筑设计考虑绿色建筑具体措施
节能与能源利用		
13	结合场地自然条件，对建筑的体形、朝向、楼距、窗墙比等进行优化设计	结合场地自然条件，对建筑的体形、朝向、楼距、窗墙比等进行优化设计
14	外窗、玻璃幕墙的可开启部分能使建筑获得良好的通风	设外窗且不设玻璃幕墙的建筑，外窗可开启面积比例达到35%
15	围护结构热工性能指标优于国家及地方现行相关建筑节能设计标准的规定	透光围护结构遮阳系数值比国家及地方现行相关建筑节能设计标准的规定降低幅度达到5%；供暖空调全年计算负荷降低幅度达到5%
16	采取措施增强建筑通风、隔热效果	东西外墙绿化的面积达到可采用面积的30%以上；住宅墙面采用浅色外饰面（太阳辐射吸收系数小于0.4）的面积达到墙面面积的80%以上
17	采取措施降低过渡季节供暖、通风与系统能耗	采取措施降低过渡季节供暖、通风与系统能耗
18	采取措施降低部分负荷、部分空间使用下的供暖、通风与空调能耗	合理选配空调冷、热源机组的台数与容量，制定并实施根据负荷变化调节制冷（热）量的控制策略，且空调冷源的部分负荷性能符合现行国家标准《公共建筑节能设计标准》（GB 50189—2015）和广东省标准《公共建筑节能设计标准》广东省实施细则（DBJ 15—51—2007）的规定；水系统、风系统采用变频技术，且采取相应的水力平衡措施
19	走廊、楼梯间、门厅、大堂、大空间、地下停车场等场所的照明系统采取分区、定时、感应等节能控制措施	走廊、楼梯间、门厅、大堂、大空间、地下停车场等场所的照明系统采取分区、定时、感应等节能控制措施
20	合理选用电梯和自动扶梯，并采取电梯群控、扶梯自动启停等节能控制措施	合理选用电梯和自动扶梯，并采取电梯群控、扶梯自动启停等节能控制措施
21	合理选用节能型电气设备	三相配电变压器满足现行国家标准《三相配电变压器能效限定值及能效等级》（GB 20052—2020）的节能评价值要求；水泵、风机等设备及其他电气装置满足相关现行国家标准及地方的节能评价值要求
22	合理采用蓄冷蓄热系统	合理采用蓄冷蓄热系统

续表

序号	内容	建筑设计考虑绿色建筑具体措施
节水与水资源利用		
23	采取有效措施避免管网漏损	选用密闭性能好的阀门、设备，使用耐腐蚀、耐久性能好的管材、管件；室外埋地管道采取有效措施避免管件漏损；设计阶段根据水平衡测试的要求安装分级计量水表
24	给水系统无超压出流现象	用水点供水压力不大于0.20MPa，且不小于用水器具要求的最低工作压力
25	设置用水计量装置	按使用用途，对厨房、卫生间、空调系统、绿化、景观等用水分别设置用水计量装置，统计用水量；按付费或管理单元，分别设置用水计量装置，统计用水量
26	生活热水系统采取节水措施	应设置完善的热水循环系统，保证配水点出水温度不低于45℃的时间，对于居住建筑不得大于15s；采用带恒温控制和温度显示功能的冷热水混合淋浴器；设置用者付费的设施
27	使用较高用水效率等级的卫生器具	用水效率等级达到2级及以上
28	绿化灌溉采用节水灌溉方式	采用节水灌溉系统，设置土壤湿度感应器、雨天关闭装置等节水控制措施
29	空调设备或系统采用节水冷却技术	运行时，冷却塔的蒸发耗水量占冷却水补水量的比例不低于80%
30	除卫生器具、绿化灌溉和冷却塔外的其他用水采用节水技术或措施	比例达到50%
31	结合雨水利用设施进行景观水体设计，景观水体利用雨水的补水量大于其水体蒸发量的60%，且采用生态水处理技术保障水体水质	利用水生动、植物进行水体净化
节材与材料资源利用		
32	择优选用建筑形体	当地震作用为主控荷载时，建筑形体规则；当风荷载为主控荷载时，建筑无不良风效应
33	对地基基础、结构体系、结构构件进行优化设计，达到节材效果	对地基基础、结构体系、结构构件进行优化设计，达到节材效果

续表

序号	内容	建筑设计考虑绿色建筑具体措施
节材与材料资源利用		
34	土建工程与装修工程一体化设计	住宅建筑土建和装修一体化设计的户数比例达到100%
35	采用工业化生产的预制构件	比例达到50%
36	采用整体化定型设计的厨房、卫浴间	采用整体化定型设计的厨房、卫浴间
37	现浇混凝土采用预拌混凝土	现浇混凝土采用预拌混凝土
38	建筑砂浆采用预拌砂浆	比例达到100%
39	合理采用高强建筑结构材料	混凝土竖向承重结构采用强度等级不小于C50的混凝土，且用量占竖向承重结构中混凝土总量的比例达到50%；Q345及以上高强钢材用量占钢材总量的比例达到70%
40	合理采用高耐久性建筑结构材料	高耐久性混凝土用量占混凝土总量的比例达到50%；采用耐候结构钢或耐候型防腐涂料
41	采用可再利用材料和可再循环材料	住宅建筑中的可再利用材料和可再循环材料用量比例达到15%
42	合理采用耐久性好、易维护的装饰装修建筑材料	合理采用清水混凝土；采用耐久性好、易维护的外立面材料和室内装饰材料
室内环境质量		
43	主要功能房间的室内噪声级	满足现行国家标准《民用建筑隔声设计规范》（GB 50118—2010）中的高要求标准
44	主要功能房间的隔声性能良好	构件及相邻房间之间的空气声隔声性能达到高要求标准限值；楼板的撞击声隔声性能达到高要求标准限值
45	采取减少噪声干扰的措施	采用同层排水或其他降低排水噪声的有效措施，使用率不小于50%
46	建筑主要功能房间具有良好的户外视野	对于住宅建筑，其与相邻建筑的直接间距超过18m
47	主要功能房间的采光系数满足现行国家标准《建筑采光设计标准》（GB 50033—2013）的要求	外窗玻璃可见光透过率≥0.6，且卧室、起居室的窗地面积比达到1/7
48	改善建筑室内天然采光效果	主要功能房间有合理的控制眩光措施；内区采光系数满足采光要求的面积比例达到60%；地下空间平均采光系数不小于0.5%的面积与首层地下室面积的比例大于20%

续表

序号	内容	建筑设计考虑绿色建筑具体措施
室内环境质量		
49	采取可调节遮阳措施,降低夏季太阳辐射得热	外窗有可控遮阳调节措施的面积比例达到50%
50	供暖空调系统末端现场可独立调节,大空间房间传感器位置设置合理	设置可独立启停的供暖空调系统的主要功能房间数量比例达到90%
51	优化建筑空间、平面布局和构造设计,改善自然通风效果	通风开口面积与房间地板面积的比例达到10%;安装户内新风系统
52	气流组织合理	重要功能区域供暖、通风与空调工况下的气流组织满足热环境设计参数要求;避免卫生间、餐厅、地下车库等区域的空气和污染物串通到其他空间或室外活动场所
53	地下车库设置与排风设备联动的一氧化碳监测装置,传感器位置设置合理	地下车库设置与排风设备联动的一氧化碳监测装置,传感器位置设置合理
54	主要功能房间中人员密度较高且随时间变化大的区域设置室内空气质量监控系统	对室内的二氧化碳浓度进行数据采集、分析,并与通风系统联动,传感器位置设置合理;实现室内污染浓度超标实时报警,并与通风系统联动
创新		
55	采取有效的空气处理措施,设置室内空气质量监控系统,并保证健康舒适的室内环境	设置空气净化装置

（1）保温隔热方面。其包括墙体、屋面、门窗保温隔热。墙体采用水泥混合砂浆砌200mm厚加气混凝土砌块,东西向外墙内壁用保温砂浆找平,有利于提高墙面的热阻,减少导热系数,从而达到减少夏季空调运行时间,降低电能的消耗。

地下室外墙采用P8抗渗混凝土。地下室底板垫层及侧墙外侧SBS改性沥青卷材防水层为2～2.5mm厚,并加120mm厚砖墙进行保护。外墙主要采用干挂石材饰面。

屋面采用浅色面层,并摆放光伏电源和太阳能集热板。结构层为现浇钢筋混凝土板；找坡层最薄处为20mm厚1∶8水泥珍珠岩；防水层为3mm厚SBS改性沥青聚酯胎防水卷材Ⅰ型；隔热层为30mm厚B1级挤塑聚苯乙烯泡沫塑料板；面层为现浇40mm厚细石混凝土。

外窗玻璃采用吸热安全玻璃。外窗的气密性不低于《建筑外窗气密性能分级及其检测方法》（GB/T 7106—2008）规定的6级。外窗可开启面积比例达到35%。

内门设计采用优质木门，梯间门及前室门为甲级防火门。

（2）空调采暖和通风节能方面。当室外热环境参数优于室内热环境参数时，可采用自然通风使室内满足热舒适及空气质量要求。被动节能自然通风包括两方面：一是通过科学的设计加强建筑内部通风换气从而改善内部空气质量并带走余热；二是使用被动系统进行空气预冷处理。当自然通风不能满足要求时，应辅以机械通风；当机械通风不能满足要求时，需采用空调。

空调区域的设计温度和新风量应符合《公共建筑节能设计标准》广东省实施细则（GBJ 15—51—2007）的要求。通过合理计算和选用风机，保证空调通风系统的风机单位风量能耗功率不大于0.32W/（m³/h）。空气调节冷热水管的绝热厚度，按现行国家标准《设备及管道绝热设计导则》（GB/T 8175—2008）的经济厚度和防表面结露厚度的方法进行计算。空气调节风管绝热层的最小热阻不小于$0.74m^2·K/W$。

（3）电气设备节能方面。首先考虑使用高光效光源。根据《建筑照明设计标准》（GB/T 50034—2013）的要求，在满足显色性、启动时间等要求的条件下，优先选择发光效率高、显色性好、使用寿命长、启动可靠、方便快捷、性能价格比高的光源。其次是采用高效率节能灯具，建筑除充分利用天然采光、减少电量消耗外，在照明设计中，应选择灯光效果好、效率高的灯具，要注意灯具的配光曲线，杜绝使用效率低于70%的灯具。

根据广州市建委《关于在新建照明工程中推广使用LED灯具等节能照明产品的函》(穗建环〔2013〕298号)的相关要求,本项目照明灯具要求采用LED灯具。

合理布置灯具,项目环境照明采用灵活多样的照明控制方式。根据不同的时间段、不同的需要灵活控制照明,直接减少电能的消耗。建筑内有天然采光的楼梯间、走道的照明,除应急照明外,采用节能自熄开关;每个照明开关所控灯源数量安排合理,降低供电线路电力损耗;选用电阻率较小的铜质做导线,减少导线长度、增加导线截面以减少线路的损耗。

配置建筑设备监控系统,对建筑物内各种机电设备进行监视、控制、测量,使各种机电设备安全可靠运行,节约能源、节省人力并确保建筑物环境舒适。走廊、楼梯间、门厅、大堂、大空间、地下停车场等场所的照明系统采取分区、定时、感应等节能控制措施。给水排水系统采用节能水泵。采用变频调速节能型电机和节能型空调。

(4)电梯系统节能方面。本项目电梯采用变频和群控技术,既能提高电梯搭乘的舒适度和利用效率,又能节约电梯能耗,同时还能减轻设备磨损,降低故障发生率。此外,加强项目内电梯设备的巡检和维护,以保障电梯正常安全运营。

(5)节水措施方面。提倡科学合理节水或依靠技术手段节水。选用节水型卫生洁具,在项目设计阶段,对选用的用水器材和排水设施进行认真审查;在项目建设期间,对使用不符合节水规定器材的工程不予验收。

此外,应加强节水的宣传教育,在用水器材上张贴宣传节水口号和温馨提示。推行节水目标责任制,节约生活和业务办公用水,严禁跑、冒、滴、漏和长流水等一切浪费水的现象。大片面积绿化采用节水喷灌方式,同时设置土壤温度感应器、雨天关闭装置等节水控制设施。合理利用雨水回收系统进行绿化灌溉。

(6)其他节能措施方面：

① 热水系统。利用太阳能作为热水的热源，采用市政蒸汽作为辅助加热的热源，减少电能消耗。做好热水系统设备、管道的保温措施，选择导热系数低、容重轻、机械强度大、防火性能好、不对金属产生腐蚀的保温绝热材料。设置完善的热水循环系统。

② 使用节能材料。本工程采用加气混凝土砌块、保温砂浆、挤塑聚苯乙烯保温隔热板、隔热玻璃等节能型建筑材料，可直接提高建筑外围护结构的热阻，减少建筑物内部能量的损失。

③ 能源计量管理。配备必要的能源计量器具，针对项目能源消耗进行分类计量。

④ 遮阳。广州南沙地区夏季炎热，对医院建筑采取遮阳措施，减少不必要的日照以节省空调能耗。遮阳设施采用活动式外遮阳和百叶中空玻璃窗。并在户外活动场地种植乔木，对屋顶进行绿化。

2.2.3 海绵城市

海绵城市是指城市能够像海绵一样，在适应环境变化和应对自然灾害等方面具有良好的"弹性"，下雨时吸水、蓄水、渗水、净水，需要时将蓄存的水"释放"并加以利用。海绵城市建设遵循生态优先原则，将自然途径与人工措施相结合，在确保城市排水防涝安全的前提下，最大限度地实现雨水在城市区域的积存、渗透和净化，促进雨水资源的利用和生态环境保护。在海绵城市建设过程中，统筹自然降水、地表水和地下水的系统性，协调给水、排水等各水循环利用环节，并考虑其复杂性和长期性。本项目海绵城市建设总体目标为：对场地雨水实施外排总量控制，使场地年径流总量控制率达到70%。

中山大学附属第一（南沙）医院项目可建设用地面积155934m²，其中建筑基底面积38537m²、绿地面积54577m²、道路广场用地面积62820m²。项目绿地面积和道路广场面积占总用地面积约75%，利用好这75%的室外用地，是本项目海绵城市建设的关键。本项目在海绵城市建设方面采取以下措施：

（1）道路、广场的标高大于绿地标高，绿地低于道路面约10cm，道路、广场的雨水可以汇聚到周边绿地内，再渗透到地下。

（2）场地内生态保护，结合地形地貌现状进行场地设计与建筑布局，保护场地内原有的自然水域、湿地和植被，采取生态恢复或补偿措施，充分利用表层土。

（3）合理衔接和引导屋面雨水、道路雨水进入地面生态设施，并采取相应的径流污染控制措施。

（4）硬质铺装地面中透水铺装面积的比例不小于50%。

（5）种植适应当地气候和土壤条件的植物，并采用乔、灌、草相结合的复层绿化，且种植区域覆土深度和排水能力满足植物生长需求。

（6）采用下凹式绿地和硬质透水铺装等绿色雨水设施，下凹式绿地占绿地面积比为30%。

（7）公共建筑部分采用垂直绿化、屋顶绿化。结合雨水利用设施进行景观水体设计，且采用生态水处理技术保障水体水质。

2.2.4 风险分析

EPC总承包项目体量通常较大，风险因素复杂、预估难度高，对工程项目建造过程影响较大，全面深入的前置风险分析是有效管理EPC总承包项目的关键。

1. 工程风险

1）工程进度风险

影响本项目工程进度的因素很多，主要有以下几点：

项目涉及部分当地村民自建房、工厂、农田的征拆。征拆工作进展顺利与否直接影响项目的建设进度，而且对用地费用的影响也比较大。同时，设计进度及设计成果质量也会影响项目工程进度，如设计不当造成过多的设计变更，将导致工程进度缓慢。

外界的配合条件，如配合不当会造成外部交通运输受阻、水电供应不及时、社会干扰、建设资金投入的延误等。

计划协调方面，业主、设计、监理、施工、设备供货等单位如组织协调不力，会造成停工待料和工序脱节的现象出现。

突发事件和不可预见事件的发生，如恶劣天气、自然灾害等；安全、质量事故的调查、分析，争执的调解、仲裁等都会成为影响本项目进度的风险因素。

2）工程质量风险

影响本项目工程质量的风险因素主要有人、材料、方法和环境等。

人的风险因素：设计工程师、监理工程师、计划、施工等主要管理人员的经验、技术水平、政策水平、管理能力、对本项目定位的理解和工作态度，工程施工人员的技术水平以及工作态度等将直接影响工程的质量。

材料风险因素：材料是工程施工的物质基础，施工原材料本身的质量直接影响着工程质量。

方法风险因素：方法指工程建设中所采用的技术方案、工程招标投标、施工组织设计、监理工作方案、质量检测制度及手段、项目管理的各项措施等。方法不当将严重影响工程质量。

环境风险因素：包括工程技术环境，管理环境，劳动环境。工程技术环境包括工程地质、水文、气象条件等。管理环境包括质量保证体系、质量管理制度等。劳动环境包括劳动组合、劳动工具、工作面等。环境因素对工程质量的影响具有复杂多变的特点。气象条件的变化可以直接影响施工质量。前一道工序就是后一道工序的环境，前一个分项分部就是后一个分项分部的环境。环境对工程质量的影响不容忽视。

3）工程技术风险

工程所采用技术的先进性、可行性和实用性，特别是采用新技术、新工艺的可靠性、稳定性，是本项目面临的风险因素。

2. 资金风险

本项目建设资金来源为财政资金，资金风险主要源于项目预算与实际差距过大造成的资金供应不足，或者政策改变导致资金停止划拨，造成项目工期拖延甚至被迫终止、工程投资超支和工程延期投用等。

本项目用地的征地拆迁工作由南沙区土地开发中心另行立项推进，征地拆迁补偿费用的变动不会对本项目造成资金风险。

3. 风险影响程度评估

1）风险等级划分

风险等级按风险因素对投资项目影响程度和风险发生的可能性大小分为一般风险、较大风险、严重风险和灾难性风险。

一般风险，风险发生的可能性不大，或者即使发生，造成的损失较小，一般不影响项目的可行性。

较大风险，风险发生的可能性较大，或者风险发生后造成的损失较大，但造成的损失程度是项目可以承受的。

严重风险，有两种情况，一是风险发生的可能性大，造成的损失大，使项目由可行变为不可行；二是风险发生后造成的损失严重，但是风险发生的概率较小，采取有效的防范措施，项目仍然可以正常实施。

灾难性风险，风险发生的可能性大，一旦发生将产生灾难性后果，项目无法承受。

2）风险评估

将风险程度按灾难性风险、严重风险、较大风险、一般风险进行归类，经分析得出本项目的综合风险较小，主要风险因素为征地拆迁进度，由于征地拆迁范围权属复杂，故存在一定的征地难度。

4. 风险防范对策

为了减少风险损失，本项目制定了《风险管理计划》和《风险应对计划》，以确定风险管理的目标和岗位责任制，建立风险监测及控制机制。根据预测的主要风险因素及其风险程度，提出相应的控制和防范对策，尽量减小可能的损失。

根据分析，本工程拆迁进展情况为较大风险因素，其他均为一般风险因素。据此制定相关控制对策，具体如下：

（1）征迁工作由南沙区土地开发中心负责推进，按照国家及地方的相关文件，最大限度地保障被拆迁户的利益，使拆迁户愿意配合拆迁，避免出现拆迁"钉子户"，对拆迁过程中出现的个别特殊情况，由区土地开发中心与镇政府及时出面沟通协调解决。

（2）协调好与当地居民的关系，在施工过程中协调解决好施工人员和周边居民的关系，使其和谐共处，并采取措施解决施工扰民问题。

（3）做好工程建设外部配合工作。由于外部配合情况对工程建设存在一定影响，由区、镇两级政府的职能部门出面做好协调工作，保证项目建设做到三同时、三控制。

（4）技术风险在本项目中属于一般风险，需总承包的设计方给予充分重视，拟定规划设计大纲，明确设计的质量标准。阶段设计完成后，应进行全面审核，内容包括计划投资、方案比选、文件规范、结构安全、工艺先进性、技术合理性、施工可行性。提交设计文件后，及时报送进行设计图纸的审查、设计交底与图纸会审工作。施工中派驻设计代表参加单项工程验收、总体工程验收等，负责现场解决设计技术问题。这也是设计施工总承包的优势所在。

（5）政策风险。我国经济稳步发展，社会安定，政策风险小，只需加强对国家有关政策、法规的研究，适应政策调整的变化，把握发展趋势，尽可能规避政策变化带来的风险。相信国家的政策会越来越为建筑市场的良性发展铺平道路，为医疗项目的建设与运行带来利好。

5. 工程风险的防范措施

1）保证施工进度的措施

严格执行国家、省、市和区关于土地房屋征收的相关政策、补偿文件规定和标准。严格履行规定程序，依法依规开展土地房屋征收补偿工作，坚持安置和征地拆迁统筹推进。由拆迁责任单位将拆迁任务落实到具体人员，保证拆迁进度顺利推进。

充分发挥设计施工总承包的优势，减少和避免不必要的设计变更，必要的设计变更要做到及时准确，现场服务到位。

随时掌握外部施工环境，争取有关部门的支持和协助。注意外部交通、水电供应、社会环境、执行政策诸因素对施工进度的影响，及时采取必要的防范措施。

保证建设资金及时到位，避免拖欠工程款造成工期延误。制定工程进度控制计划，做好项目内部协调工作，特别要发挥监理工程师的进度控制作用。定期召开工地例会，及时解决施工中的各种问题。动态检查施工网络计划的执行情况。加强安全管理，防止各类事故发生，防患于未然。

对突发及不可预见事件，如恶劣天气、自然灾害、疫情、治安突发事件等，制定预案，防止措手不及，影响工程的实施。

制定并严格执行规章制度，教育职工做好安全防护，确保建设安全运营。

2）保证施工质量的措施

人员素质是保证工程质量的重要因素，在项目实施过程中应确保相关人员具备过硬的素质和技术水平，特别是设计负责人、专业负责人、总监理工程师、施工项目经理、业主代表及计划、财务、技术、造价、质量等管理人员需具备应有的能力、水平、职业道德和工作热情。

建筑材料的质量是工程质量的基础，把控好采购、签订合同、加工监控、进场检验检测、现场保管、单项验收、工程验收等所有环节，坚决杜绝使用不合格的建筑材料。

6. 风险转移

风险转移是将项目可能发生风险的一部分转移出去的风险防范方式。风险转移可分为保险转移和非保险转移两种。保险转移是向保险公司投保，将项目部分风险损失转移给保险公司承担，项目对设计、施工分别就各自的责任和权益进行投保。非保险转移是通过总价承包、签订长期协议等合同约定及其他方式，将工程建设和运营中存在的一些风险转移出去。本项目总包在报价中考虑承担这些风险因素。

2.2.5 可行性研究结论与建议

1. 实施的必要性

中山大学附属第一（南沙）医院项目的建设适应现代医疗卫生事业的发展要求，满足加快广州市、南沙区医疗资源布局调整步伐、优化医疗资源配置的需要。项目建设符合南沙区医疗资源现状需求，对南沙区的医疗卫生事业发展具有重要的战略意义和现实必要性，因此，项目实施十分必要。

2. 实施的可行性

中山大学附属第一（南沙）医院本着立足优质医疗服务，着力前沿科研转化，培育高端医疗人才的目的，有针对性地解决广州南沙、大湾区乃至华南的医疗、科研短板，在提供优质、高效医疗服务的基础上，紧密跟踪国际前沿科研转化研究，致力打造南沙新区、粤港澳大湾区医疗科研新高地。

项目基于近年来广州市、南沙区医疗卫生事业多层次发展的大环境，具备良好的建设背景和技术基础，有迅速将市、区医疗卫生事业做大、做强的实效性。

项目投入使用后，能较好地满足该区域广大人民群众的就医需求，依托南沙区政府的大力支持，可充分利用和发挥南沙区的资源和地缘优势以及中山一院的医疗及学科优势，在医疗技术、科研实验、教学培训等方面发挥积极的作用。

3. 实施的合理性

本项目规划病床数 1500 张，项目占地面积 155934m²，总建筑面积 498818m²，其中地上建筑面积（计容面积）326450m²，地下建筑面积（不计容面积）172368m²。建设内容包括新建医疗业务用房，科研、医学研究与成果转化用房，动物实验用房，教学管理、培训与考核用房，宿舍用房，地下车库，室外工程以及其他配套工程等。

本项目总投资估算为 482274.0 万元，其中工程费用 388392.2 万元，工程其他费用 64220.5 万元，基本预备费 29661.3 万元。

建设内容和建设规模符合南沙区经济社会发展的实际需求，项目建设方案技术可行，投资估算符合项目定位及发展目标，其社会效益显著。

本项目可行性研究还针对土地征用、地质勘察、医疗人员值班宿舍、智能化系统、供电及进度等专项问题提出了相应建议。综上，该项目的建设是十分必要且可行的。

第 3 章
项目设计管理

EPC总承包管理单位按照合同的约定，在满足合同规定功能、质量要求和进度的基础上，按业主要求组织开展设计工作，并将设计与采购、施工和试运行相结合，实现项目增值，提高项目经济效益。EPC工程总承包项目设计阶段的工作包括设计计划、设计实施、设计控制和设计收尾等内容。需规范项目设计管理程序，保证设计质量，使设计工作可控，为项目采购、施工的顺利开展和项目成功验收奠定基础。

3.1 项目总体设计管理体系

3.1.1 设计工作程序

（1）由于中山大学附属第一（南沙）医院属于医疗项目，根据其特点，建设单位另行通过招标投标程序选取了设计咨询、造价咨询、专项咨询等咨询单位，在项目开始动工到竣工验收的整个过程中，协助建设单位对医院项目的整体设计工作及各专项设计进行技术审核与管理。

（2）总承包项目部牵头成立设计管理部门，进行内部设计管理工作，其主要内容包括：

① 根据项目工期要求，编制设计总进度计划，对各阶段、各项设计工作的进度计划进行拆分和细化，把控整体及分项设计工作节奏和进度。

② 根据项目的咨询要求、项目涉及的工作内容进行设计任务分解，制定详细的各阶段设计任务书，包括设计工作内容、设计界面划分、标准（功能、工艺、参数等要求）、设计造价要求、设计成果要求等。

③ 协调主设计和各专业施工图深化设计之间的协同工作，根据设计咨询、专项咨询、造价咨询反馈的设计标准、技术审查意见以及设计进度要求，做好主设计和各专业深化设计之间的协调，稳步、高效推进项目建设进度。

④ 对本项目范围内的主设计及各专业深化设计在设计的进度、质量、安全、工程投资控制和各专业设计配合协调、接口衔接等方面进行管理，确保各设计之间的勘察、设计界面和工作内容清晰，避免出现勘察、设计重复或交叉的现象，并保证工程各专业接口及与周边工程接口（如市政工程接口）的良好衔接。

⑤ 制定报批报建信息及计划一览表、设计技术问题沟通清单及应对措施一览表等，统筹设计与施工，制定相关问题应对措施，并跟进各报批报建工作，确保项目目标的顺利实现。

⑥ 协助完善各阶段设计输入条件。

⑦ 对一些特殊工程（如基坑支护方案等），组织设计人员编写工程施工技术标准（施工作业指导书），对设计各部分所应满足的规范、标准进行说明；对超规范（标准）之处，初拟技术标准，待专家论证后执行。

⑧ 引入 BIM 技术系统，解决项目"错、漏、碰、缺"，配合 BIM 技术的有效应用与项目建设和管理过程的沟通、协同和分析模拟，提高工程性能、质量、进度和成本管理等控制水平。

3.1.2 设计管理流程

设计管理流程如图 3-1 所示。

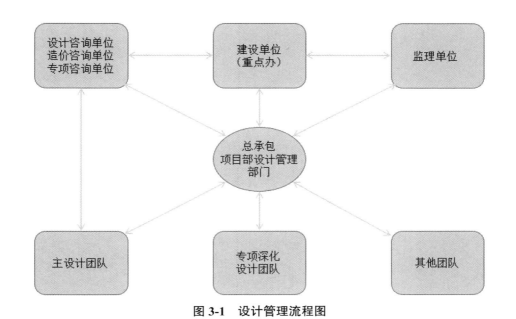

图 3-1 设计管理流程图

3.2 设计计划

EPC工程项目设计计划在项目策划阶段由设计部门的设计负责人进行编制，经EPC工程总承包项目管理部门评审之后，由总承包项目经理批准实施。项目设计计划根据工程的特点、规模和要求，在项目立项、招标投标阶段已完成的技术方案论证基础上编制。设计计划阶段的具体工作包括：明确设计范围，编制设计任务书；组织技术方案论证；组织技术和设计资源，制定设计评审计划；编制设计计划等。

（1）明确设计范围，编制设计任务书。总承包单位认真研究《发包人要求》及合同文件中与设计有关的内容，明确项目承包范围和设计工作任务。针对合同文件中的项目建设基础资料、设计数据、标准规范、工程总体进度、合同价款、验收标准及违约责任等，与建设方充分沟通，确定设计工作范围。EPC总承包（联合体）制定设计原则和要求后向设计部门下达设计任务书。

（2）组织技术方案论证。在初步设计前，如有重大技术方案需评审，由设计部门提出技术方案论证申请，报项目经理审批之后提交技术部门组织专家论证，经专家论证之后，由设计部门编制技术方案论证报告。报告内容主要包括：成功应用的案例，技术的可获取性和技术许可，可供选择的技术和设计合作单位，技术的可施工性、可维护性和可操作性，设备的成熟性、可靠性、经济性、可依赖性和可获取性，对本项目的环境、标准、原材料、操作人员的适应性等，以及技术风险评估和控制措施等。

（3）组织技术和设计资源，制定设计评审计划。总承包组建设计团队，根据项目的技术特点，制定设计评审计划，组织第三方评审或由设计咨询单位评审，列明主要控制点，加强对设计进度计划和设计质量的控制。

（4）编制设计计划。编制满足合同约定和总承包商质量目标、质量方针和项目管理体系要求的设计计划。设计进度符合项目总进度计划要求，在充分考虑设计各专业逻辑关系及制约条件下与项目采购、施工、试运行和验收等进度协调。项目设计计划编制主要内容包括：设计依据，EPC总承包设计范围，总体设计原则和各专业、各系统设计原则，设计部门的机构和各专业职责分工，本项目适用的标准规范，质量检测和竣工验收要求，总体设计进度和各阶段进度计划，技术经济要求，安全要求，职业健康和环境保护要求，与采购、施工的接口关系等。

3.3 设计实施

在设计实施阶段，编制设计任务书，为业主提供多个比选方案，组织有相关经验的专业人员进行方案比较和价值工程分析。同时，审查入选方案的设计概算，通过优化设计避免投资估算超过批复。此外，EPC 的设计管理将采购阶段、施工阶段提前融入到设计过程中，将整个工程分成若干个合理的合同包（标段），每个合同包的设计完成后即可对此部分工程进行施工，无需等到整个设计完成后再开始施工。设计和施工的合理搭接能够有效缩短项目的建设周期。

项目设计的实施管理包括：输入及输出管理、设计基础资料和数据管理、内外部接口管理及设计变更等工作。

3.4 设计控制

EPC 项目设计阶段的管理,其核心是对进度、质量、费用三大目标的控制。设计的进度控制要与整个项目的进度相协调;设计的费用控制要求设计的概预算控制在批准的限额之内;设计的质量控制是在严格遵守法律法规、标准规范的基础上,正确处理和协调各种因素的制约,使设计方案更好地满足业主所需的功能和使用要求。

1. 设计进度控制

首先建立设计的进度总目标,根据设计内容分解建立各专业的进度分目标,通过对各专业进度的控制,实现设计总体进度的控制。其次,在设计过程中进行过程进度控制,这是设计进度计划能否实现的关键环节。一旦发现实际进度偏离目标进度,必须及时采取纠偏措施。最后,对项目已经发生的进度偏差,客观分析其产生的原因,并采取有效措施加以解决。

设计进度控制的措施从组织、技术和经济三方面搭建。组织方面:项目部建立健全领导机构,制定进度控制制度和流程,落实具体控制责任人和管理职能分工,建立进度协调工作机制。技术方面:学习掌握新技术、新材料的发展情况和技术引进的消化、应用工作。经济措施:采取适当的经济激励措施和经济处罚措施,将设计人员的工作绩效与个人利益结合起来,调动人员积极性,实现企业与个人双赢。

2. 设计质量控制

根据 EPC 总承包项目特点，建立设计质量标准和质量管理体系，编制项目设计质量计划。项目设计全过程按照质量计划和质量管理体系的要求，对设计成果进行检查和质量监督，对不合格产品采取纠正措施。设计质量控制的措施主要有设计验证、设计确认、设计评审、设计成品交付和服务。

3. 设计费用控制

项目的费用控制贯穿于项目建设生命周期全过程，最有效的控制在于项目的投资决策和设计阶段。设计阶段最重要的手段是价值工程与限额设计。本项目建立限额设计控制程序和流程，根据合同要求设定各阶段及整个项目限额设计的费用目标。设计部门通过优化设计方案实现对项目费用的有效控制。

3.5 价值工程

价值工程中的价值被定义为产品的功能与项目全生命周期成本的比值（V = F/C），它是以满足用户的效用需求和价值需求为根本出发点，以功能分析为核心，以系统方法和创造性理论以及创新活动为方法论的科学管理手段。"系统"是价值工程的理论支柱，"创新"是价值工程的灵魂。

价值工程在设计中的运用，其本质是发现矛盾、分析矛盾和解决矛盾的过程，即应用价值工程分析功能与成本的关系，提高设计项目的价值系数。本项目在设计中，勇于创新，积极探索新工艺、新技术的可能性，有效提高设计技术的价值。通过优化设计来控制项目成本是一个综合性的问题，不能片面地强调节约成本。正确处理技术与经济的对立统一关系是控制成本的关键环节，既要反对片面强调节约、忽视技术上的合理要求，以致项目无法达到其应有的功能，又要反对重技术、轻经济，设计保守浪费的现象。本项目实施过程中，多听取中山一院方对医院建筑和医疗设备的使用要求，以此来分析"功能"，充分考虑全生命周期的使用成本和医疗效果。设计人员用价值工程原理进行设计方案分析，以提高项目价值为目标，以功能分析为核心，以经济效益为出发点，真正达到优化设计的效果。

3.6　限额设计

限额设计即按照投资或造价的限额进行设计以满足功能和技术要求，其包括两方面的范畴：(1)要求下一阶段的设计工作必须以上一阶段审核批准的造价限额进行，不可随意超越，即可行性研究报告及其投资估算控制着初步设计概算，初步设计概算控制着施工图预算；(2)要求建设项目的局部（单位工程、分部工程）按设定的造价限额进行设计。

限额设计是设计阶段造价控制的有效措施之一。对于总承包单位，限额设计就是根据签订的总承包合同，对建设项目工程量或工程造价进行切块分解，将工程量或造价分配到各个单项工程、单位工程或分部工程，再分配到各个设计专业，要求各专业设计部门按分配的工程量或造价限额进行设计，并在设计全过程中，采取优化工艺方案、合理的总图布置、建筑结构形式比选等多种措施，保证造价限额不被突破，从而实现设计阶段控制造价的目标，继而保障整个总承包项目合理控制工程造价。本项目总承包推行限额设计着眼于以下几个方面：

1. 树立基于限额设计的全局观念

限额设计指标分解到专业，使得设计人员往往只关注完成本专业的限额指标，设计时容易缺乏全局观念。避免这种情况发生的有效措施是鼓励造价人员参与到各阶段，使造价人员不仅关注施工图纸的造价计算，而是在方案选择阶段就给予充分关注，对设计方案、材料的选择进行工程整体的造价分析，以便于按照整体最优的方案来进行设计。

2. 技术与造价相结合

长期以来，设计人员与技术经济人员工作无法紧密结合，设计人员往往只重视设计进度、技术和产值，而不注意设计中的造价控制和经济技术分析。造价人员则是根据设计图纸事后计算，而不是主动地影响设计和施工。推行限额设计，首先要求设计人员与技术经济人员统一思想认识，即技术与经济紧密结合。设计人员在投标阶段重视方案选择，在实施阶段严格控制施工图预算在批准的限额设计指标内，同时加强设计变更管理，树立动态管理意识。造价人员从经济角度参与设计阶段全过程管理，当好设计人员的经济参谋，为设计人员提供有关的经济控制指标，准确测算和论证最节省投资的技术方案，使造价更加准确合理，达到控制工程投资的目的。

3. 建立限额设计经济责任制

推行限额设计，需要建立、健全和加强经济责任制，明确各设计专业、科室及设计人员的职责和经济责任，在考核各专业设计质量和限额指标实现情况的基础上，实行节奖超罚制度，提高设计人员开展限额设计的积极性和责任心。开展限额设计必然要求设计人员投入更多的时间和精力，并且要求设计人员要有一定的经济技术分析能力和丰富的经验数据积累。如果没有建立切实可行的经济责任制，而仅仅是靠行政手段硬性要求，会使得限额设计流于形式，无法落到实处，不能真正起到优化设计、控制造价的作用。

4. 确定限额设计指标

本总承包项目中，限额设计的目标是在满足合同规定、设计技术规范要求和不影响建筑形式、产品质量、装备水平、使用功能的前提下，尽可能控制工程造价，实现最大化的项目利润。因此，在总承包项目中，施工图限额设计指标的确定既要参照初步设计总概算，也要根据实际签订的总承包合同价进行合理调整。鉴于本项目总承包合同已签订，涉及的建筑物及设备等规格、数量均已确定，总承包的限额设计主要是限"量"，即工程量和设备数量，则限额指标主要以工程量和设备数量的形式体现。

3.7 中山大学附属第一（南沙）医院设计问题及解决措施

根据全过程工程咨询服务合同的工作要求，新誉时代工程咨询有限公司（原广州市新誉工程咨询有限公司）等造价咨询、设计咨询单位从项目决策阶段的投资估算到初步设计概算、施工图深度概算内审及协助建设方完成概预算财政投资评审环节等开展了相关工作，结合项目的限额划分及过程投资管控实践工作内容，针对投资控制过程中出现的一些问题，及时提出有效的咨询建议，使得本项目最终设计图纸的工程造价既达到投资可控，又高度匹配本项目的定位及功能需求。本项目的实践验证了 EPC 项目投资控制措施及其实施效果。

3.7.1 限额设计及造价控制

1. 主要问题

（1）EPC 总承包设计部门未提供限额设计技术经济指标，只提供了单位工程限额总价。

（2）各专业设计人员未能按确定的单位工程限额总价调整相应专业的初步设计，出现部分专业严重超限的情况。

（3）限额设计划分总额以可行性研究批复（以下简称可研批复）中的

建安费为限额，容易出现施工图设计的工程内容的实际价格超出招标控制价的风险。

2. 对应措施建议

（1）建立完整的、各阶段的限额设计指标体系，并建立单项工程、单位工程、专业工程技术经济指标、造价指标，进行全方位、多层次的造价控制；从设计开始，按招标限价建安费金额进行限额划分及控制，造价咨询按招标限价建安费进行把控。

（2）限额设计指标体系中，对关系到项目定位、功能要求的关键指标，进行不确定因素的敏感性分析，以确保限额设计指标的科学性及有效性。

（3）建立专业设计人员与造价人员及时、有效沟通机制，对于超限专业在设计概算或施工图预算的送审阶段进行有效控制及优化。

（4）在项目概算编制完成且通过财政评审后，对设计最终出具的施工图成果文件进行限额设计的落实情况评判，由建设单位出具项目限额设计落实情况质量评价表。

（5）由设计部门牵头，相关限额设计的系列文件由业主、监理及咨询单位确认后形成正式文件下发，作为后续限额设计分析及落实情况对比的依据。

3.7.2 主要设备材料品牌表

1. 主要问题

（1）初步设计前未能及时根据方案设计、可研批复所确定的项目定位、功能要求提供相应的、同一档次的主要设备品牌表。

（2）设计过程中所提供的主要设备材料品牌表，其部分设备材料品牌不在同一档次，产地基本在省外。

2. 对应措施建议

（1）设计部门及时提供与项目定位、功能要求相匹配的同一档次设备材料品牌表，并优先选用广东省或广州市内名优品牌。

（2）建议由设计部门报送主要设备材料品牌表，由建设单位、咨询单位（包括设计咨询、造价咨询、监理）共同核准，核准后由设计部门以正式文件出具主要设备材料品牌表，减少中间环节。

3.7.3 相关专业图纸的深化设计

1. 主要问题

（1）设计部门未对专业深化图纸进行及时的审定和质量把关，如钢结构深化后钢构件用量净增加 800 余吨，幕墙节点钢龙骨含量偏高。

（2）部分专业（如室内装修、智能化、泛光照明）图纸内容不确定，施工图纸版本较多，各版图纸的修改内容未作详尽说明。

2. 对应措施建议

（1）加强设计部门与专业深化单位的沟通，坚持"设计、施工、运维"一体化设计，尤其注意避免深化内容偏离方案设计的要求。

（2）加强对图纸内容的校对，杜绝设计的施工内容偏离市场实际，偏离常规合理的使用及观感效果，偏离常规施工工艺要求等，反复检查各功能房间的平面、立面、剖面及大样图是否缺漏、是否矛盾等。

（3）对新功能、新工艺的使用要特别注意对比类似项目经验及市场产品类型（如装饰吸声岩样板／无机涂料／地胶的选用，变化较大且市场产品较少，规格与市场产品不符）。

（4）设计咨询单位及设计部门严抓专业深化图纸的施工图审查，深入细节、高效准确，减少图纸内容的不确定性，避免图纸版本较多，为造价编制人员及其他人员提供准确稳定的图纸资料。

3.7.4 造价文件编制问题

1. 主要问题

（1）报科技委初步设计审查时，初步设计概算内容未能全面落实专家评委的审查意见，建设工程其他费用列项不完整且出现特殊项目重大漏项问题（如建筑方案国际竞赛费在初步设计概算时未列项）。

（2）施工图设计阶段未能全面落实限额设计"总分分总"原则及要求，以致出现概算编制超出可研批复金额的情况。

（3）各专业工程造价与限额设计对比差异较大，基坑支护及桩基础工程严重超出限额金额，造成其他专业工程一定程度上的金额紧张局面。

（4）部分专业未执行国标清单规范要求，造成专业工程组成内容不规范、划分不合理，容易缺漏项，影响财审后调整合同中工程量清单的组成内容，同时影响工程进度款的项目清单内容审核及结算审核，特别是建筑装修、园建专业出现较为严重的此类问题。

（5）编制概算的图纸资料不稳定、主要材料设备品牌迟迟未能确定、施工方未能结合项目特点及实施情况及时提供相关措施项目费的有效计算依据，造成概算编制工作的多次反复及相关措施项目费未能及时确定，严重影响概算编制工作计划的落实。

（6）概算对数过程中，部分专业由于图纸深度或图纸内容不完善等情况，致使设计图纸出现不明确的问题偏多，对提出的问题反馈不及时、不明确，造成概算编制、审核进度迟缓。对数过程中对存在图纸问题及争议问题的整理不够规范。

（7）概预算工作进展缓慢，时间跨度长，增加了工程主要材料设备的涨价风险，造成工程投资控制的工作被动。

（8）项目分批次出图、出概算，前期设计未能充分考虑后期设计的影响，过程中图纸出现多次反复修改，造成概算编制、审核耗费时间过长，影响工作效率。

（9）工程图纸版本多而零散，且均是电子图，概算编制、审核过程对图纸信息把握易出现混乱现象，影响造价的准确性。

（10）出现概算先行，图纸后出的现象。审核过程中发现概算编制部分信息内容在设计图纸中并不存在，待对数时设计澄清图纸尚在深化阶段。

2. 对应措施建议

（1）设计图纸是编制审核概算的主要依据，出具稳定的图纸才能保证概算的准确性，节约时间，加快推进工程进展。设计部门提供的图纸，应保证其完整性、准确性，达到施工图纸深度，且应为通过施工图审查并修正后的图纸。

（2）工程量的计算严格按照施工图纸的实际情况进行，不漏算、不多算，严格按照要求对所有项目的费用进行计算。

（3）关于定额套用问题，首先对建设工程的概预算内容与设计图纸是否一致进行审核；其次在直接套用单价的基础上，对于换算方法的合理性和准确性进行审核；最后对人工费用、机械单价以及相关概预算的编制依据和方法是否准确、合理进行审核。

（4）建设工程其他费及预备费是概算要严格复核的内容，与业主及咨询单位充分沟通，尤其要注意特殊项目及无明确收费依据文件但项目建设过程中实际发生的二类费用的计算，严格按照南沙区建设工程其他费文件汇编及政府最新颁布的相关建设工程其他费的文件要求列项计算，避免漏项与超计。

（5）限额设计以招标控制价为上限进行限额划分和控制，设计部门制定相关措施以保障限额设计的有效实施，对可能存在超限风险的专业进行多方案的技术经济比选。

（6）各专业工程师在编制概算时加强沟通，严格执行国标清单规范。根据要求详尽描述项目特征，概算编制内容严格按南沙财政投资评审的要求执行。

（7）设计咨询单位、设计部门根据项目要求投入人力物力，以确保用于概算编制的施工图资料的稳定。

（8）施工部门从实施的角度深化技术工作、施工工艺、工法及技术措施，提交相关资料报业主及监理审批。对在概算编制时施工部门未能及时提供相关措施项目费的有效计算依据而造成相关费用未能准确计算等情况，实际发生的费用风险由施工部门承担。

（9）制定概算对数的工作要求、具体细则以及相关文件格式，规范对数过程，量化对数管理工作，相关对数资料文件以书面形式流转。

3.7.5 协同工作沟通及工作时限性的问题

1. 主要问题

围绕设计进行的协同工作沟通不到位，导致在工作推进过程中，局部环节出现问题，形成连带效应，影响概算编制或审核的工作安排及效率。

2. 对应措施建议

（1）在概算编制阶段，各参建单位项目负责人或专业负责人驻场联合办公，切实保证概预算报审工作完成前，各相关责任单位及部门的有效沟通。

（2）沟通过程中遇到的重要事项或问题，各参建单位应以正式函文的形式发送相关单位，并抄报建设单位及监理单位。

（3）各单位及部门根据项目要求制定具有实施意义的协同工作计划，各单位同步制定内部工作计划，报业主及监理审核后以正式文件下发，各单位及部门严格按照下发的协同工作计划开展具体工作，保障概算编制工作计划的实施。

3.7.6 设计优化工作

1. 主要问题

根据经过施工部门审查的施工图计算的工程造价超出立项或可研批复金额时，以设计为主导的优化工作缺乏机动、有效的应对措施，易出现"时间来不及"的局面。

2. 对应措施建议

（1）设计部门严把限额设计关，从源头杜绝超限的可能性，特别是对体量较大、关键部位、重点部位的把控需做好投资分析，如有必要应做好备用方案。

（2）成立风险控制及设计优化责任小组，以应对造价管理工作过程中可能出现的超限额、超概算、超可研的情况，对投资控制过程中出现的不可预见的影响因素商讨制定相关应急预案。

第4章

项目招标投标管理

工程总承包是国际通行的工程建设项目组织实施方式，积极推行工程总承包是深化我国工程建设项目组织实施方式改革，提高工程建设管理水平，保证工程质量和投资效益，规范建筑市场秩序的重要措施。EPC 工程总承包具有多方面的优势，在整个项目施工、采购、试运行过程中降低了业主的管理难度，明确了项目参与各方的责权利，减少了业主的风险，能较好地发挥设计主导工程施工方向的能力。本项目的招标投标管理主要分为技术方案分析、管理方案分析、商务投标三个方面。

4.1 招标前期工作

4.1.1 项目概况

中山大学附属第一（南沙）医院聚焦粤港澳大湾区战略和行业发展需求，建设高水平的医疗服务和医学科技创新平台，促进医、教、研协同发展，为南沙区优先提供优质医疗服务，带动南沙新区医疗服务水平整体提升，成为与粤港澳大湾区建设和发展相配套、辐射粤港澳乃至东南亚的高水平医疗中心及三级甲等综合医院。建设内容包括国际医学中心、医学研究与成果转化中心（包括独立的科研大楼、专业的动物实验中心）、学术交流中心、符合中山大学教学医院功能要求的配套教学场所。本项目将对标国内一线城市及中国香港、中国澳门的高标准综合医院，按照"全国领先、湾区特色"的高水平医疗中心标准进行建设，立足提供优质医疗服务，加快前沿科研转化，培育高端医疗人才，针对性解决南沙、大湾区乃至华南的医疗、科研短板，打造成为南沙新区、粤港澳大湾区医疗科研新高地。

本项目建设应用建筑信息模型（BIM）技术，部分采用装配式建筑技术，重点区域按照国家绿色建筑三星其余按照绿色建筑一星标准进行设计建设。同时将按广东省建筑工程安全生产文明施工优良样板工地、广东省建筑业绿色施工示范工程等标准实施，并确保获得省部级勘察设计奖、国家优质工程奖，争创国家级勘察设计奖及鲁班奖或詹天佑奖。

项目位于南沙区横沥镇明珠湾起步区灵山岛西侧。地块呈倒"L"形，南北长590m，地块北部东西平均宽度约450m，临江岸线长度约215m。地块西侧为番中公路，北侧为60m宽的横沥中路，南侧为平均宽度100m的横沥岛尖南岸海堤。

项目总用地面积155934m²，主要由两个地块组成，如图4-1所示。其中地块一90586m²，地块二65348m²。建设总规模需求为498818m²。医院医疗基础用房需求为205500m²，医院单列项目用房面积需求为13230m²，科研、医学研究与成果转化用房需求为43800m²，动物实验用房面积需求为20000m²，教学管理、培训与考核用房面积需求为9400m²，宿舍用房面积需求为34520m²，机动车库面积需求为156000m²，非机动车库面积需求为16368m²。

图4-1 项目航拍图

项目建设内容包括：新建医疗业务用房、科研、医学研究与成果转化用房、动物实验用房、教学管理、培训与考核用房、宿舍用房、地下车库、室外工程以及其他配套工程等。拟建建筑基底面积约为38537m²，绿地面积约为 54577m^2，道路、广场用地面积约为 62820m^2（含室外运动场 2000m^2）。

4.1.2 前期工作情况

2018 年 2 至 4 月，建设单位组织开展了中山大学附属第一（南沙）医院项目建筑方案设计国际竞赛，邀请了中国工程院院士刘加平等 11 名国内知名专家教授组成专家评审委员会，经两轮投票，评选出三个优胜方案，方案一为广州市院及日建设计联合体的"生命绿洲"；方案二为中建院及市城规院联合体的"未来科技化医疗"；方案三为中元国际的"绿脉融城、医荟相生"。

2018 年 5 月获南沙区发改部门《中山大学附属第一（南沙）医院项目可行性研究报告》批复，投资 482274.00 万元（含征地拆迁费 25880 万元），其中建筑安装工程费用为 388392.20 万元，工程勘察费为 966.50 万元，工程设计费为 11482.00 万元（含方案设计竞赛费及施工图预算编制费）。

4.1.3 招标方式

根据本项目建设计划并结合医疗项目工程特点，依据广州市南沙区相关文件规定，对中山大学附属第一（南沙）医院项目采用设计施工总承包模式进行公开招标。

4.1.4 最高投标限价

为合理确定本项目最高投标限价（招标控制价），在收集多个类似项目技术参数和经济指标基础上,根据现阶段技术条件及现行计费标准,采用类似项目差异指标分析法、类似项目经济指标分析法,拟定本项目设计施工总承包招标总造价为395844.01万元,其中勘察费控制价3076.07万元,设计费控制价8259.66万元(包含施工图预算编制费,不包含方案设计费),施工费控制价384508.28万元。施工费控制价对比批复的可研报告中建安费的建议调减率为1%。

1. 勘察费招标控制价

以施工费控制价384508.28万元为计算基数,参考《广东省建设工程概算编制办法》(2014)的规定,勘察费按工程费用的0.8%计算,本项目勘察费控制价费用为3076.07万元。

2. 设计费招标控制价

以施工费控制价384508.28万元为计算基数,参考《工程勘察设计收费标准》(2002修订本)计算,本项目设计费控制价费用为8259.66万元(包含施工图预算编制费,不包含方案设计费)。

3. 施工费招标控制价

根据南沙区环艺委确定的实施方案,采用差额对比指标分析法测算,中山大学附属第一(南沙)医院项目施工图预算约为383800.00万元,对比可研估算建安费下浮1.18%,结合项目定位高、规模大、标准严、单体多、工期紧、医疗工艺复杂,专业化、精细化、人性化要求高等特点,建议建安费控制价为384508.28万元,对比可研估算下浮1.0%。

4.1.5 招标控制价经济指标合理性分析

1. 与广州造价站经济指标对比分析

根据广州市建设工程造价管理站《2015年广州市房屋建筑工程技术经济指标》及2017年价格指数测算，类似工程单方造价指标约为6800～8160元/m^2（建筑面积），本项目测算指标处于合理区间。

2. 与广州市建委经济指标对比分析

根据广州市城乡建设委员会《关于发布政府投资的房屋建筑等工程施工招标阶段造价控制指标及措施的通知》（穗建筑〔2014〕240号）关于技术要求复杂或具有经济意义的大中型公共建筑的施工招标阶段造价控制指标要求约为7256.71～14504.56元/m^2（建筑面积），本项目测算指标处于合理区间。

3. 部分分部分项工程造价经济指标分析

1）软基处理

根据大岗镇新联二村安置区工程—软基处理、广州外国语学校附属小学项目—软基处理、横沥镇安置区二期工程—软基处理的3个类似造价指标，其预算审定价指标平均值为634元/m^2（软基处理面积），与本项目测算价889元/m^2相比，偏差率为28.7%，主要差异体现在地质情况、软基处理形式、工程质量标准、项目创优标准、场地清表和平整等方面，考虑剔除上述差异内容后，单方造价指标趋于合理。经过与类似工程项目进行对比分析得到中山大学附属第一（南沙）医院的软基处理工程单方造价分析表，如表4-1所示。

表 4-1　软基处理工程单方造价分析表

序号	分析项目	大岗镇新联二村安置区	中山大学附属第一（南沙）医院	计费依据	差异调整金额（元/m²）
1	软基处理（元/m²）	473	1000	中山大学附属第一（南沙）医院建设项目软基处理面积约59288m²，大岗镇新联二村安置区工程软基处理面积约24753m²，采用间距1.9m的水泥搅拌桩处理	-527.00
2	场地清表和平整（元/m²）	—	78.9	根据投资估算：用地面积155934m²×30元/m²÷软基处理面积59288m²	78.90
3	地质条件造成单方造价差异	—	—	中山大学附属第一（南沙）医院建设项目所处地理位置在长期的河流冲积和海潮进退作用下，沉积了深厚的海陆交互相软土，施工时的降水、疏水及排水措施费用较大，临近水系地质条件较差，参照灵山岛尖近期正在实施的某项目的软基处理方案，采用桩径800mm的水泥搅拌桩，平均桩长约18m、间距1.2m，单方造价约773元/m²，经测算，相对大岗镇新联二村安置区工程单方造价增加约300元/m²	300
4	工程建设质量标准	合格	创国家级质量奖	根据《广东省建筑与装饰工程综合定额（2010）》，国家优质工程奖按分部分项工程费的4%计算	28
5	安全生产文明工地	确保获得广州市建筑工程安全生产文明施工优良样板工地称号	确保获得广东省建筑工程安全生产文明施工优良样板工地称号	根据《广东省建筑与装饰工程综合定额（2010）》，省级文明工地按分部分项工程费的0.7%计算	4.9
6	绿色施工措施	无	在原有安全文明施工标准的基础上，为实现"四节一环保"所采取更高标准要求的施工措施	根据广州市建设工程造价管理站《关于绿色施工措施费计价办法的通知》（穗建造价〔2015〕69号），按分部分项工程费的0.6%计算	4.2

续表

序号	分析项目	大岗镇新联二村安置区	中山大学附属第一（南沙）医院	计费依据	差异调整金额（元/m²）
7	小计	—	—	—	-111
	调整后单方造价	—	—	1+7	889

2）基坑支护工程

根据广州南沙2015NJY—10地块项目基坑支护工程、南沙中心医院二期后续工程—基坑支护工程、横沥镇灵山安置区二期工程—基坑支护工程的3个类似造价指标，并考虑其编制时期的基准价与2017年的价格指数差异，其预算审定价指标平均值是3090元/m²（基坑水平投影面积），与本项目测算价3002.37元/m²相比，偏差率为-2.9%，处于合理偏差范围。经过与类似工程项目进行对比分析得到中山大学附属第一（南沙）医院的基坑支护处理工程单方造价分析表，如表4-2所示。

表4-2 基坑支护工程单方造价分析表

序号	分析项目	广州南沙2015NJY—10地块项目	中山大学附属第一（南沙）医院	计费依据	差异调整金额（元/m²）
1	基坑支护（按地下室负二层建筑面积计算，元/m²）	2804.5	1356	中山大学附属第一（南沙）医院建设项目基坑垂直投影面积约88769m²，广州南沙2015NJY—10地块项目基坑支护（含场地处理）工程基坑垂直投影面积约7684m²，两项目均为地下2层，均采用灌注桩支护	1448.50
2	工程建设质量标准	合格	创国家级质量奖	根据《广东省建筑与装饰工程综合定额（2010）》，国家优质工程奖按分部分项工程费的4%计算	99.12

续表

序号	分析项目	广州南沙2015NJY—10地块项目	中山大学附属第一（南沙）医院	计费依据	差异调整金额（元/m²）
3	安全生产文明工地	合格	确保获得广东省建筑工程安全生产文明施工优良样板工地称号	根据《广东省建筑与装饰工程综合定额（2010）》，省级文明工地按分部分项工程费的0.7%计算	17.35
4	绿色施工措施	无	在原有安全文明施工标准的基础上，为实现"四节一环保"所采取更高标准要求的施工措施	根据广州市建设工程造价管理站《关于绿色施工措施费计价办法的通知》（穗建造价〔2015〕69号），按分部分项工程费的0.6%计算	14.87
5	造价指数	2015年	2017年	参考广州市造价站发布的《关于发布广州市房屋建筑工程2017年参考造价的通知》（穗建造价〔2018〕12号），办公楼造价环比指数2016年为102.45，2017年为104.08	66.54
6	小计	—	—		1646.37
	调整后单方造价	—	—	1＋6	3002.37

3）地下室工程

根据广州市胸科医院整体改造扩建项目一期工程、广州市中医医院新址工程—地下室、南沙中心医院二期后续工程—地下室的3个类似造价指标，并考虑其编制时期的基准价与2017年的价格指数差异，其预算审定价指标平均值是4828元/m²（建筑面积），与本项目测算价5359元/m²相比，偏差率为9.9%，主要差异体现在地质情况、层高、装修标准、工程质量标准、项目创优标准、绿色建筑标准等方面，考虑剔除上述差异内容后，单方造价指标趋于合理。经过与类似工程项目进行对比分析得到中山大学附属第一（南沙）医院的地下室工程单方造价分析表，如表4-3所示。

表 4-3　地下室工程单方造价分析表

序号	分析项目	广州市中医医院新址工程	中山大学附属第一(南沙)医院	计费依据	差异调整金额(元/m²)
1	地下室建筑装饰工程(按地下室建筑面积计算,元/m²)	3854.5	4856	中山大学附属第一(南沙)医院建设项目二层(局部三层)地下室建筑面积约172368m²,层高5.0m,北地块东北角区域拟建商业中心;广州市中医医院新址工程—地下室,建筑面积29600m²,建筑层高5.1m内,地下2层	-1001.50
2	国际医疗中心地下室建筑装饰工程增加单方造价(地下室建筑面积元/m²)	—	—	考虑国际医疗中心部位地下室建筑装饰标准相比其他部位地下室要高,按增加500元/m²(按国际医疗中心地下室建筑面积计算,元/m²)考虑,分摊到整个项目后,其单方造价增加约87元/m²	87.00
3	工程建设质量标准	合格	创国家优质工程奖	根据《广东省建筑与装饰工程综合定额(2010)》,国家优质工程奖按分部分项工程费的4%计算	135.97
4	安全生产文明工地	合格	确保获得广东省建筑工程安全生产文明施工优良样板工地称号	根据《广东省建筑与装饰工程综合定额(2010)》,省级文明工地按分部分项工程费的0.7%计算	23.79
5	绿色建筑标准	无	一星	参考2014年东莞市住房和城乡建设局《关于发布"东莞市绿色建筑增量成本分析报告"的通知》(东建节能〔2014〕21号)、第十三届国际绿色建筑与建筑节能大会传达的数据	40.00
6	建筑信息模型BIM技术	无	全面应用建筑信息模型BIM技术	上海住建委发布《关于本市保障性住房项目实施建筑信息模型技术应用的通知》(沪建管〔2016〕250号)	35.00
7	绿色施工措施	无	在原有安全文明施工标准的基础上,为实现"四节一环保"所采取更高标准要求的施工措施	根据广州市建设工程造价管理站《关于绿色施工措施费计价办法的通知》(穗建造价〔2015〕69号),按分部分项工程费的0.6%计算	20.40

续表

序号	分析项目	广州市中医医院新址工程	中山大学附属第一（南沙）医院	计费依据	差异调整金额（元/m²）
8	小计	—	—	—	-659.34
	调整后单方造价	—	—	1＋8	4196.66

4）门诊楼工程

根据广州市中医医院新址工程—门诊楼、广州市胸科医院整体改造扩建项目第一批工程—门诊楼、广州市南沙中心医院（首期）工程—门诊楼3个类似造价指标，并考虑其编制时期的基准价与2017年的价格指数差异，其预算审定价指标平均值是4218元/m²（建筑面积），与本项目测算价7432元/m²相比，偏差率为43%，主要差异体现在层高、室内装修标准、增加了医用系统（单方造价增加1425.36元/m²）、工程质量标准、项目创优标准、外立面及装配式建筑等方面，考虑剔除上述差异内容后，单方造价指标趋于合理。经过与类似工程项目进行对比分析得到中山大学附属第一医院的门诊楼工程单方造价分析表，如表4-4所示。

表4-4 门诊楼工程单方造价分析表

序号	分析项目	广州市中医医院	中山大学附属第一（南沙）医院	计费依据	差异调整金额（元/m²）
1	土建工程（元/m²）	1574	1600	根据广州市中医医院新址工程财政审定概算对比中山大学附属第一（南沙）医院建设项目可研进行估算	-26.00
2	装饰工程（元/m²）含外立面	1018	2600	根据广州市中医医院新址工程财政审定概算对比中山大学附属第一（南沙）医院建设项目可研进行估算	-1582.00

续表

序号	分析项目	广州市中医医院	中山大学附属第一（南沙）医院	计费依据	差异调整金额（元/m²）
3	总高及层高	总高27.8m，层高4m	总高27.4m，层高5m	根据国家出版社出版的工程造价手册及建筑工程成本分析的相关文献，按不同性质的工程综合测算建筑层高每增加10cm，相应造成建筑造价增加2%~3%；此外，多层建筑（4~6层）中层数越多越经济，即6层最经济，本项目建筑层数为5层，经测算，层高每增加10cm，大约增加50元	500.00
4	室内装饰（根据项目定位）	普通（1500元/m²以下），装修内容主要为室内地面砖、橡胶地面、墙面乳胶漆、铝扣板天花	高档（1500元/m²—3000元/m²），装修内容主要为地面花岗石、无菌地板胶；墙面贴大理石、医用PVC板；冲孔铝扣吸音板天花+水泥纤维板天花	中山大学附属第一（南沙）医院建设项目定位为"国际先进、国内一流"，将按"全国领先、湾区特色"的高水平医疗中心标准进行建设，使用的装修材料品牌档次相对同类项目更高	305.00
5	外立面	主要为灰色3mm厚氟碳漆铝单板，小量中空玻璃幕墙	干挂石材、铝单板、断热铝合金中空玻璃幕墙	—	250.00
6	工程质量标准	合格	创国家级质量奖	根据《广东省建筑与装饰工程综合定额（2010）》，国家优质工程奖按分部分项工程费的4%计算	102.13
7	文明工地	合格	确保获得广东省建筑工程安全生产文明施工优良样板工地称号	根据《广东省建筑与装饰工程综合定额（2010）》，省级文明工地按分部分项工程费的0.7%计算	17.87
8	绿色建筑标准	不包含	一星	参考2014年东莞市住房和城乡建设局《关于发布"东莞市绿色建筑增量成本分析报告"的通知》（东建节能〔2014〕21号）、第十三届国际绿色建筑与建筑节能大会传达的数据	40.00

续表

序号	分析项目	广州市中医医院	中山大学附属第一（南沙）医院	计费依据	差异调整金额（元/m²）
9	装配式建筑	不包含	包含	参考王广明、武振发表于《建筑经济》杂志（2017年第1期）的《装配式混凝土建筑增量成本分析及对策研究》	180.00
10	建筑信息模型BIM技术	不包含	包含	上海住建委发布《关于本市保障性住房项目实施BIM技术应用的通知》（沪建建管〔2016〕250号）	35.00
11	绿色施工措施	不包含	包含	根据广州市造价站《关于绿色施工措施费计价办法的通知》（穗建造价〔2015〕69号，按分部分项工程费的0.6%计算	15.32
12	造价指数	2016	2017	参考广州市造价站发布的《关于发布广州市房屋建筑工程2017年参考造价的通知》（穗建造价〔2018〕12号），办公楼造价环比指数2017年为104.08	133.93
	小计	—	—		−28.35
	调整后单方造价	—	—	1＋2＋12	4171.65

5）科研实验楼

根据南沙中心医院二期后续工程——保健康复中心、《2015年广州市房屋建筑工程技术经济指标》中办公楼、《2015年广州市房屋建筑工程技术经济指标》中办公楼的3个类似造价指标，并考虑其编制时期的基准价与2017年的价格指数差异，其预算审定价指标平均值是4884元/m²（建筑面积），与本项目测算价6734元/m²相比，偏差率为27.5%，主要差异体现在层高、室内装修标准、增加了医用系统（单方造价增加846.40元/m²）、工程质量标准、项目创优标准、绿色建筑标准及装配式建筑等方面，考虑剔除上述差异内容后，单方造价指标趋于合理。经过与类似工程项目进行对比分析得到中山大学附属第一（南沙）医院的科研实验楼工程单方造价分析表，如表4-5所示。

表4-5 科研实验楼工程单方造价分析表

序号	分析项目	广州医科大学附属第五医院	中山大学附属第一（南沙）医院	计费依据	差异调整金额（元/m²）
1	土建工程（元/m²）	1658	1600	根据广州医科大学附属第五医院临床教学综合楼项目一期工程预算对比中山大学附属第一（南沙）医院建设项目可研进行估算	58
2	装饰工程（元/m²）	1158.4	2400	根据广州医科大学附属第五医院临床教学综合楼项目一期工程预算对比中山大学附属第一（南沙）医院建设项目可研进行估算	-1241.6
3	总高及层高	总高度83.9m，层高4.2m	总高度99.9m，层高4.8m	根据正式出版的工程造价手册及建筑工程成本分析的相关文献，按不同性质的工程综合测算建筑层高每增加10cm，相应造成建筑造价增加2%~3%，层高每增加10cm，大约增加50元	300
4	工程质量标准	合格	创国家级质量奖	根据《广东省建筑与装饰工程综合定额（2010）》，国家优质工程奖按分部分项工程费的4%计算	87.26
5	文明工地	合格	确保获得广东省建筑工程安全生产文明施工优良样板工地称号	根据《广东省建筑与装饰工程综合定额（2010）》，省级文明工地按分部分项工程费的0.7%计算	15.27
6	绿色建筑标准	不包含	一星	参考2014年东莞市住房和城乡建设局《关于发布"东莞市绿色建筑增量成本分析报告"的通知》（东建节能〔2014〕21号）、第十三届国际绿色建筑与建筑节能大会传达的数据	40
7	装配式建筑	不包含	包含	参考王广明、武振发表于《建筑经济》杂志（2017年第1期）的《装配式混凝土建筑增量成本分析及对策研究》	180

续表

序号	分析项目	广州医科大学附属第五医院	中山大学附属第一（南沙）医院	计费依据	差异调整金额（元/m²）
8	建筑信息模型BIM技术	不包含	包含	上海住建委发布《关于本市保障性住房项目实施建筑信息模型技术应用的通知》（沪建管〔2016〕250号）	35
9	绿色施工措施	不包含	包含	根据广州市造价站《关于绿色施工措施费计价办法的通知》（穗建造价〔2015〕69号），按分部分项工程费的0.6%计算	8.22
10	造价指数	2015	2017	参考广州市造价站发布的《关于发布广州市房屋建筑工程2017年参考造价的通知》（穗建造价〔2018〕12号），办公楼造价环比指数2016年为102.45，2017年为104.08	82.29
	小计	—	—	—	−435.56
	调整后单方造价	—	—	1＋2＋3＋10	3564.44

4.1.6　类似工程可研估算与审定概（预）算下浮率情况

根据本项目的建设性质、结构形式和招标范围，对比华南师范大学第二附属中学建设项目、广州南沙新区明珠湾起步区灵山岛尖区域城市开发与建设项目—南沙灵山岛尖公共部分地下空间项目、新联二村安置区及灵山安置区等多个类似项目的造价情况并进行统计分析，审定概（预）算对比可研估算，平均下浮率为4.48%。

经分析，由于可研编制阶段是采用类似项目进行大体的指标估算，还没有完整的建筑设计方案及建设标准，导致最终施工预算与可研总价差距较大。本项目功能及定位明确、建设标准清晰，可研编制时由卫计局（卫健局）、发改局前后委托3家专业咨询机构及专家进行分析论证，对总投资控制精度较高。项目方案设计在功能、定位、建设规模及标准方面与批复可行性研究报告要求吻合度较高。本项目施工费控制价所处的阶段与审定概算建安费或预算不同，项目实施过程中按基本建设程序规定，预算需经财政投资评审，且审定金额应在招标控制价以内，实际的审定预算仍有下浮空间。因此，中山大学附属第一（南沙）医院项目招标控制价对比可研估算下浮率低于同类项目是合理的。

综上，根据本项目定位及建设标准，通过类似项目的预算经济指标测算及采用相关管理部门的造价指标进行复核，中山大学附属第一（南沙）医院项目经测算的预算造价指标7694元$/m^2$（建筑面积）处于合理区间，相对于可研批复金额下浮1.18%。因本项目属于大型复杂的公共建筑，是定位于"国际先进、国内一流"，秉持"国际化、高端化、精细化、品质化"理念的建设工程，设计方案施工难度较大，可研估算编制精度较高，建议招标限价相对于可研估算下浮1.0%，即施工部分招标限价控制在384508.28万元。

4.2 技术方案分析

技术方案分析是工程总承包项目在投标阶段与报价分析同等重要的一项任务，也是管理方案设计的基础。技术方案分析主要涵盖对工程总承包设计方案、施工方案和采购方案的评估与选择。在技术方案的编制过程中需要针对各项内容深入分析其合理性和投标单位对业主招标文件的响应程度，研究如何在技术方案上突出投标单位在工程总承包实施管理方面的优势。需在正式编写技术方案之前全面了解业主对技术标的各项要求和评标规则。

对不同规模和不同设计难度的工程总承包项目而言，技术方案在评标中所占的权重是不一样的。对于小规模和技术难度较低的工程总承包项目，业主在评标开始时关注投标者提交的技术方案和各项工作的进度计划，然后对其进行权重打分，最后按照商务标的一定百分比计入商务标的评分当中。由于小规模的总承包项目，其技术因素所占的比例较小，因此除非投标者的报价非常相近而不得已按照技术高低来选择，否则技术因素的影响不足以完全改变授予最低报价标的一般原则。

对于中等规模和技术难度适中的工程总承包项目，业主的评标程序与上述小规模项目基本一致，但是因为中等规模的项目，其设计与施工技术较为复杂，因此选择哪一家总承包商作为中标方通常基于对报价、承包商经验、技术以及在投标过程中的成本支出数额等因素的综合加权评价，各投标方的报价调整为含有技术因素的综合报价，在这种情况下，中标人不一定是所有投标单位中报价最低的单位。

对于大规模和超高技术难度的工程总承包项目，业主非常重视对技术因素的评价，评价结果会在很大程度上影响商务标的选择，同时评标因素的权重需针对特殊的项目重新分配。由于这种规模项目的标书制作成本相对较高，因此业主对资格预审时投标候选人的选择以及必要时要进行第二次审查的选择都很慎重，尽力减少各方不必要的资源浪费。对于评标的最终结果，业主需要进行多次的讨论，论证该决策的合理性。

4.2.1 设计方案

设计方案不仅要尽量满足业主的各种设计构想并提供必要的基础技术资料，还要提供工程量估算清单用以在投标报价时使用。设计方案编制开始之前，应首先确定此项工作的资源配置和主要任务。

1. 设计总体安排与资源配置

设计资源配置就是对相关设计人员、物资提供和设计期限做出安排。

（1）劳动力配置计划：本项目拟定于2018年7月15日开工，2020年10月31日首期竣工验收并满足开业条件，2021年5月31日全部竣工验收。在项目全生命周期过程中，勘察工作主要由联合体的勘察设计院相关人员完成，招标采购主要由总承包联合体相关部门及项目部相关人员完成，这两项工作基本不涉及劳动力投入，故整个工程的劳动力将分前期准备阶段、勘察与设计阶段、工程施工阶段、验收取证阶段四个阶段进行配备。结合质量、进度、造价及安全控制保障的条件，整体施工组织划分为医疗区、非医疗区两个区域，根据各区域、各阶段工程量大小，结合劳动定额，编制劳动力投入计划，以满足关键线路的进度要求，并充分考虑不利因素影响下抢工期的需要，在施工过程中动态调配、优化劳动力资源配置。整体劳动力投入呈正态分布趋势，其中工程实施的地下室基础结构、主体结构、机电、装饰施工阶段为劳动力投入高峰期，高峰期持续时间自2018年12月至2020年7月，共计20个月，高峰期投入劳动力95～3890人，最高峰投入3890人，其中2019年全年持续投入劳动力3000人以上。

经过初步测算，前期准备、勘察设计阶段医疗区和非医疗区同步实施，投入劳动力约80～150人，持续时间约1个月。工程实施时同样采用医疗区、非医疗区同步推进，基坑支护、桩基础、土方开挖阶段主要投入机械操作人员，此阶段人员数量约280～420人，持续时间约6个月。地下室基础结构、主体结构、机电装饰等高峰期阶段，所有单体均在保证塔楼优先的情况下平行推进，结构施工地下室按1500～2500m^2每段进行划分，地上按单体划分施工单元。机电与装饰施工地下按防火分区及系统进行划分，地上按单体及层次划分施工单元，计划投入班组7～10个，劳动力975～3890人，持续时间约20个月。进入医疗设备安装阶段后投入人员陆续下降，投入数量由1200人下降至200人，持续时间7个月。收尾、竣工验收取证阶段，现场主要投入清理、维保人员80人左右，持续时间5个月。

由于本工程持续时间较长，所涉及的工程建设参与方、劳务作业人员较多，故在编制劳动力需求计划时，需要充分考虑项目全生命周期内的劳务管理问题，参照《广州市建筑施工实名制管理办法》（穗建规字〔2017〕4号）、《广州市建设领域工人工资支付分账管理实施细则》（穗建筑〔2017〕1344号）实行工人工资分账管理。配备专职劳务管理员，负责现场工人规章制度的落实、实名登记、劳务工人合同备案、工人培训、工资支付管理和协调、编制统计报表等工作，建立、健全现场劳务管理系统。

（2）施工机械设备配置计划：根据本工程的总体部署，将整个工程分为前期准备、勘察与设计、工程施工、招采、验收取证五个阶段。由于设计及招采均不需要投入机械，主要为办公设备，故在配置计划中不进行此阶段的主要机械配备，整个工程的主要机械设备配备将分为前期准备和施工过程中的施工机械准备。

本项目总承包充分考虑项目进度、质量、造价要求，积极优化施工组织设计方案，同时在提升工程质量，保障施工安全、环境保护、绿色节能等方面提供足够的设备支撑，并且提出切实可行的机械设备保证措施及配置计划表，确保各阶段机械设备的配置能按计划要求满足施工需要。施工机械配置原则为：结合工程施工技术特点，一次性配置足够的机械与设备，遵循"兼顾"和"多功能性"的原则，选择技术成熟、环保节能的施工机械设备，配置备品备件，提高机械化程度，就近选择机械，提高机械配置的最优化等。

2. 工程材料设备配置计划

工程材料设备配置主要从技术措施、施工机械数量、供应计划、资金、现场施工组织、后勤保障几个方面考虑。

在投入施工机械之前，制定技术措施，主要分为以下几个方面：

（1）优先采用国内设备及距工程所在地较近且便于采购或租赁的设备。

（2）配置高效、环保性能好的机械设备，保证工程所需材料、半成品能及时运输至施工作业面，同时减少对周边环境的影响。

（3）做好大型机械设备的进场配合工作，提前按设备安装需要，落实设备基础，制定切实可行的安拆方案，做到既能满足施工需要，又经济合理。

（4）根据供应计划做好供应准备工作，编制大型机械设备运输、进场方案，保证按时、安全地组织进场。

在施工机械数量保障方面，从以下几个方面着重考虑：

（1）调集：发挥企业在经营方面的雄厚综合实力优势，迅速在周边调集能满足施工需要的各类机械设备及器具。

（2）新购或租赁：必要时实施就地采购或租赁。配备足够的机械设备和必需的备用设备，如发电机等，以保证连续施工。

此处，还应制定合理的施工机械设备供应计划，具体要求如下：

（1）提前编制合理的机械设备供应计划，在时间、数量、性能方面满足优质高效的施工生产需要。

（2）提前做好施工机械设备的选用及厂家比选考察工作，除自有设备外，根据施工工艺要求及机械台班价格等因素综合考虑部分设备采用租赁还是新购入。

（3）在与混凝土厂商及其他大型供应商签订采购或租赁合同时，预先考虑机械设备进出场及使用的相关要求，通过与厂家建立密切的合作关系，确保工程施工需要。

资金管理方面，制定施工机械设备的资金使用台账，保证施工机械能持续性工作，避免窝工，具体如下：

（1）在施工准备工作阶段，制定大型施工机械设备供应的时间节点及资金计划，预留空间。

（2）中山大学附属第一（南沙）医院项目总包方（联合体）有足够的流动资金与良好的企业信誉，完全能够确保前期施工准备工作阶段及地下管沟施工期间的资金支付。

在做好上述准备措施之后，施工机械的现场施工管理成为关键，应从下列几个方面进行考虑：

（1）现场设置专门的大型机械设备管理机构，全面负责现场机械设备的选用、管理与维护，保证主要机械设备的投入能满足施工需要。

（2）合理安排各类机械设备在各个施工队（组）间和各个施工阶段的时间和空间搭配，以提高机械设备的使用效率及产出水平。

（3）合理组织施工，保证施工生产的连续性，提高机械设备的利用率。

（4）加强施工机械使用的安全管理，保证机械的安全使用。

在整个施工机械使用过程中，项目现场的后勤保障组对施工机械进行综合管理，包含以下几个方面：

（1）设备进场验收。对所有投入使用的施工机械设备或器具，在进场时严格按照企业有关管理程序，结合工程实际情况进行性能验收，对不符合要求的设备及时采取维修或清退更换处理。

（2）施工中维护。根据"专业、专人、专机"的"三专"原则，安排专业维护人员对机械实施全天候跟班维护作业，确保其始终处在最佳性能状态，各种机械配件和易损件配备充足，落实定期检查制度，保持设备运行状态良好，保证施工生产的连续性，提高机械设备的利用率。

（3）定检。对测量器具等精密仪器，按国家或企业相关规定，定期送检。

（4）现场大型机械用电合理调配，保证大型机械的供电量，电量出现不足时，对混凝土输送等采用柴油泵。准备柴油发电机备用，在现场用电断电时，能够及时调用，保证用电机械正常进行。

3. 制定设计任务书

在对项目进行劳动力资源、施工机械配备计划、工程材料配备计划之后，制定本阶段的设计任务书，分析业主的要求和对设计方案评价的准则，完成对不同设计方案的优选。本项目设计计划制定过程中，充分考虑医疗项目本身的特殊性，从EPC交钥匙总承包全局角度出发，编制项目的设计方案，结合项目特征，在编制设计方案过程中充分考虑BIM技术的运用。在设计过程中集中考虑以下几个方面：

（1）初步设计阶段，采用BIM正向设计，协助确认设计的建筑空间和各系统关系，进一步细化建筑、结构专业在方案设计阶段的三维模型，以达到完善建筑、结构设计方案的目标，为施工图设计提供设计模型和依据。通过剖切建筑和结构专业整合模型，检查建筑和结构构件在平面、立面、剖面位置是否一致，以消除设计中出现的建筑、结构不统一的问题。利用建筑模型，提取房间面积信息，精确统计各项常用面积指标，以辅助进行技术经济指标测算。利用专业的BIM分析软件，对医疗设备及系统选型进行模拟仿真，优化设计并为后续运营管理提供信息。

（2）施工图设计阶段，运用深化初步设计模型，使其满足施工图设计阶段模型深度，为后续深化设计、碰撞检查及三维管线综合等提供模型工作依据。应用BIM软件检查施工图设计阶段的碰撞，完成建筑项目设计图纸范围内的三维协同设计工作，以避免空间冲突，防止设计错误传递到施工阶段。优化机电管线综合排布方案，对建筑物最终的竖向设计空间进行检测分析，并给出最优的净空高度。利用BIM软件模拟建筑物的三维空间，通过漫游、动画的形式提供身临其境的视觉、空间感受，及时发现不易察觉的设计缺陷或问题，这有利于设计与医院管理人员对设计方案进行设计和方案评审。BIM模型要满足相关设计标准及精度要求，如表4-6所示，体现在技术标方案详细审查评分标准之中。

表 4-6 详细审查评分标准表

序号	评分点	评分标准		应得分
1	BIM 人员要求（此项子项均按"有""无"评分）	BIM 技术负责人要求	具有 2 个以上类似项目的 BIM 服务经验	5
2			具有 BIM 二级建模师证书	5
3			具有 5 年以上本专业 BIM 工作经验及相关施工经验	5
4		BIM 团队人员要求	具有 2 个以上类似项目的 BIM 服务经验	5
5			具有 BIM 一级建模师证书，且不少于 3 个（含 3 个）	5
6	企业 BIM 方面获奖情况（近五年内本公司相关专业 BIM 方面获奖级别）	无获奖：不得分 一般奖项：得 10 分 省部级奖项：得 20 分 国家级奖项：得 30 分		30
7	本工程 BIM 模型评审	BIM 模型是否符合相关标准		5
8		精度＜ LOD200：不得分 LOD200 ≤精度＜ LOD300：得 10 分 LOD300 ≤精度：得 15 分 LOD350 ≤精度：得 30 分		30
9		局部样板展示精度＜ LOD400：不得分 局部样板展示精度≥ LOD500：得 10 分		10
合计		100 分		

（3）施工准备阶段，应用 BIM 技术进行施工深化设计，包括地下室设备机房、连廊钢结构、电梯、机电、医疗设施、医疗管线和精装修等深化设计，将施工规范和施工工艺融入施工作业 BIM 模型中，提升深化后 BIM 模型的准确性、可校核性，使施工图满足施工作业的要求。施工场地规划，利用 BIM 技术对施工各阶段的场地地形、既有建筑设施、周边环境、施工区域、临时道路、临时设施、加工区域、材料堆场、临水临电、安全文明施工设施等进行规划布置和分析优化，以保证场地布置科学合理。施工方案模拟，对施工方案进行模拟、分析与优化，减少施工进度

拖延、返工等通病，从而指导具体施工工作。构件预制加工，针对本项目"云网"造型和连廊钢结构运用 BIM 技术提高构件预制加工装配能力，实现"生产工厂化"与"管理信息化"深度融合。

（4）施工阶段，将 BIM 技术应用在进度管理、工程造价管理、质量与安全管理、技术管理、设备与材料管理、竣工验收管理等方面，促进项目控制施工进度，节约投资费用，提高工程质量，保证施工安全，减少决策失误风险，为项目各参建方提供实时数据支撑，便于沟通协作。

（5）基于 BIM 的管理平台应用，在本项目建设全生命周期中应用 BIM 协调平台（EBIM）和"中建八局基于 BIM 的施工工艺管理平台"，通过 BIM 可视化方式提高各方工作效率以及项目进度、安全、质量、成本的管控能力，并为后续智慧医院运行维护提供数据共享。

4. 识别业主需求设计

对总承包项目而言，投标阶段的设计要求是投标小组要认真研究的首要问题。业主的设计要求一般都写在招标文件的"投标者须知""业主要求"和"图纸"信息中。

（1）首先明确业主已经完成的设计深度，检查招标文件中的图纸与基础数据是否完整。

（2）其次明确投标阶段的设计深度和需要提供的文件清单。

（3）考虑报价的准确性，在资源允许的情况下适当加深设计深度，这样报价所需的工程量和设备询价所需的技术参数能更加准确。

EPC 总承包模式下的设计与施工、采购工作衔接非常紧密，如果方案设计得不切实际，技术实现困难，工期和投资目标不能保证，则这是一个失败的方案。因为不同的设计方案所导致的工程未来运营费是不同的，运营费越高说明该方案越不经济，会降低业主对投标者的投标满意度。

4.2.2 采购方案

工程总承包项目采购管理是项目执行过程中的重要工作,其能否经济有效地进行,不仅影响着项目成本,同时也关系着项目的预期效益是否充分发挥。采购工作遵循公平、公开、公正的原则选定供货商。保证按总承包项目的质量、数量和时间要求,以合理的价格和可靠的供货来源获得所需的设备材料及有关服务。

制定采购方案是总承包投标的一项重要工作,尤其是对于工艺设计较多的总承包项目,由于这类项目的报价中材料、设备的报价占到总报价的50%以上,因此制定完善的采购方案、提供具有竞争力的价格信息对总承包单位能否中标至关重要。采购管理主要分为以下几个方面:

1. 制定采购计划

采购计划是对EPC项目所有设备、材料采购活动的整体规划和安排,对整个工程项目起指导作用,也是采购管理工作的一个重要组成部分。首先,了解工程施工的逻辑关系,在进度计划中明确设备、人工等的进场顺序,参考工程施工进度,合理确定采购文件提交时间和采购计划。其次,重点跟踪、关注关键路径上的设备、材料采购进度。最后,对于预装设备、预埋材料要根据项目进度要求合理安排采购计划,此类工程材料滞后会直接影响到工程进度,从而影响整个项目的正常运行。

2. 建立采购程序

工程总承包项目,特别是EPC项目是设计、采购、试运行结合在一起的总承包方式。设计、采购对整个项目起着至关重要的作用,采购管理的好坏程度直接影响项目成本管控、项目整体的协调性以及项目形象产值的统一性，因此，在工程总承包项目，特别是EPC项目中的采购管理程序显得更为重要。故在EPC项目的采购过程中，不仅需要按照组织设计的原则和方法，细分采购的每项工作的目的及各个岗位职责，根据相关的要求进行规范采购，还需要明确各部门之间的分工协作，如设计文件的传递、递交进度、结果反馈。在中山大学附属第一（南沙）医院EPC项目施工过程中，对采购流程进行了改进，在采购之前需提交采购申请单，详细说明所需采购的材料、设备的技术要求、需求的数量、检查要求及供应商资料等。随后，采购部门对拟采购的材料或设备进行询价，应初步满足成本管控目标。在发生采购变更后，采购负责人需充分了解采购的范围及采购要求，预测变更对采购费用以及时间的影响，制定变更的采购计划并付诸实施。

3. 加强供方管理

首先，工程总承包项目，特别是EPC项目中供应商的选取尤为重要，由于总承包商与业主双方立场不同，总承包商对工程所需设备材料的要求是满足最高性价比，而业主要求的是品牌、质量和功能，所以一般业主会提供供应商短名单，要求总承包商选择短名单内的厂家，据此保证材料的品牌和质量。而总承包商一般为降低设备材料采购成本，通常会首选质量有保障，供货期能满足要求而且价格也较一流国际品牌产品有优势的国内供应商。因此，双方在推荐、选择供货商环节上需要交流、沟通、协调，从而推动采办工作的进一步开展。

其次，加强对供应商的管理和监控，采购的主要工作之一是对供应商资质进行预审，综合审核供应商的相关资质、技术水平、生产规模、经营状况、信誉度等级、历史业绩等考核指标，对于重要设备和材料，还需到厂家进行实地考察，保证对供方的充分了解。

最后，在 EPC 合同签订后，项目总承包单位成为工程的最大责任人，应督促供应商严格履行合同，并做好催交催运工作，跟踪材料到场时间、生产周期、检验等，需要加强监管力度，及时催促供应商完成各环节工作，加强对其的高效管理和动态监控。

4.2.3 施工方案

在本项目进行招标之前，已经在公告中提出了具体的施工方案编制要求，在整个 EPC 项目的实施过程中，工程项目部对分包方施工的过程进行监控和检查验收。同时对分包方的服务资质进行验证、确认、审查或审批，包括项目管理机构、人员的数量和资格、入场前培训、施工机械／机具／机器／设备／设施、监视和测量资源、主要工程设备及材料等。在施工前，组织设计交底和技术质量、安全交底或培训。对施工分包方入场人员的三级教育进行检查和确认。按分包合同要求，确认、审查或审批分包方编制的施工或服务进度计划、施工组织设计、专项施工方案、质量管理计划、安全环境和试运行的管理计划等，并监督其实施。与施工分包方签订质量、职业健康安全、环境保护、文明施工、进度等目标责任书，并建立定期检查制度。对施工过程的质量进行监督，按规定审查检验批、分项、分部（子分部）的报验和检验情况并进行跟踪检查，对特殊过程和关键工序的识别与质量控制进行监督，保存质量记录。对施工分包单位采购的主要工程材料、构配件、设备进行验证和确认，必要时进行试验。对所需的施工机械、装备、设施、工具和监视测量设备的配置以及使用状态进行有效性检查，必要时进行试验。监督分包方内部按规定开展质量检查和验收工作，并按规定组织分包方参加工程质量验收，同时按分包合同约定，要求分包方提交质量记录和竣工文件并进行确认、审查或审批。依据分包合同和安全生产管理协议等约定，明确分包方的安全生产管理、文明施工、绿色施工、劳动防护，以及列支安全文明施工费、危大项目措施费等方面的职责和应采取的职业健康、安全、环保等方面的措施，并指定专职安全生产管理等人员进行管理与协调。对分包方的履约情况进行评价，并保存记录，作为对分包方奖惩和改进分包管理的依据。

4.3 管理方案分析

从业主评标的角度看,在技术方案可行的条件下,总承包商能否按期、保质、安全并以环保的方式顺利完成整个工程,主要取决于总承包商的管理水平。在投标阶段,总承包项目管理计划可以从设计计划、采购计划和施工计划来准备,由于各种管理计划是项目实施的基础,总承包单位的管理水平体现在总承包商制定的各种项目管理的计划、组织、协调和控制的程序与方法上,包括选派的项目管理团队组成、整个工程的设计、采购、施工计划的周密性、质量管理体系与健康、安全和环境体系的完善性、分包计划和对分包的管理经验等。在本项目中,EPC总承包方在投标过程中就已经建立了较为完善的以项目为基准的职能管理体系,成立了由指挥长、项目经理、项目副经理(含设计负责人)及技术负责人等组成的总承包管理层,设计管理部由设计负责人牵头负责,具体落实设计以及深化设计工作。造价部由造价咨询分包单位抽调专业人员组成,具体负责全过程造价的确定及管理。执行层由工程部、质安部、综合部等部门负责人组成,并分工负责施工过程策划、质量控制、工期控制、安全控制、环境控制、接口管理等工作。从项目职能划分的角度看,本项目具有较为完善的管理方案,能够为业主提供全面系统的管理计划和协调方案,尤其对EPC总承包模式而言,优秀的设计管理和设计、采购与施工的紧密衔接是获取业主信任的重要砝码。

工程总承包项目管理方案的解决思路是,投标小组在进行内容讨论和问题决策时可以按照以设计、采购、施工为主体进行管理基本要素的分析,也可以按照管理要素分类统一权衡总承包项目的计划、组织、协调和控制来分析。包括总承包项目管理计划、总承包项目协调与控制、分包策略。

总承包项目的协调与控制措施力求为业主提供内外部协调、过程控制以及纠偏措施的能力和经验,尽量使用数据、程序或实例说明总承包商在未来项目实施中的协调控制上具有很强的执行力,尤其是总包对多专业分包设计的管理程序、协调反馈程序、专业综合图、施工位置详图等协调流程的表述。

1)设计、采购与施工的内部协调控制

设计内部的协调与控制措施以设计方案和设计管理计划为基础编制。措施要说明如何使既定设计方案构想在设计管理计划的引导下按时完成,重点放在制定怎样的控制程序来保证设计人员的工作质量,实现设计投资控制,推进设计进度计划,尤其是设计质量问题,在投标文件中应写明项目采用的质量保证体系以及如何响应业主的质量要求。

采购内部的协调控制措施应简要描述在采买、催交、检验和运输过程中对材料、设备质量和供货进度要求的保证措施,出现偏差后的调整方案,同时介绍公司对供应链系统的应用情况,尤其应突出公司在提高采购效率上所作的努力。

施工内部的协调与控制机制和措施对工程总承包项目实现合同工期最为关键。可以借鉴传统模式下的施工经验,如进度、费用、质量、安全等控制措施,突出 EPC 总承包模式的特征,如在与设计、采购的协调问题上是否设立了完善的协调机制等。

2)设计、采购与施工的外部协调控制

对设计、采购与施工的外部协调控制是完成三者接口计划的过程控制措施。可以给业主呈现设计与采购的协调控制大纲、设计与施工的协调控制大纲以及采购与施工的协调控制大纲文件。由于EPC项目涉及设计、采购、施工三大部门，EPC项目外部协调控制应该重点关注以下方向及内容：

在设计与采购的协调控制中体现：

（1）设计人员参与工程设备采购时设计人员应编制设备采购技术文件。

（2）设计人员参与设备采购的技术商务谈判。

（3）委托分包商加工的设备由分包商分阶段返回设计文件和有关资料，由专业设计人员审核，并报经业主审批后及时返回给分包商作为正式制造图。

（4）重大设备、装置或材料性能的出厂试验，总包的设计人员应与业主代表一起参加设备制造过程中的有关目击试验，保证这些设备和材料符合设计要求。

（5）设计人员及时参与设备到货验收和调试投产等工作。

在设计与施工的协调控制中体现：

（1）设计交底程序。

（2）设计人员现场服务内容。

（3）设计人员参与的施工检查与质量事故处理，施工技术人员协助的工作范围。

（4）设计变更与索赔处理。

在采购与施工的协调控制中体现：

（1）采购与施工部门的供货交接程序。

（2）现场库管人员的职责。

（3）特殊材料设备的协调措施。

（4）检验时异常情况处理措施。

（5）设备安装试车时设计与施工技术人员的检查。

3）控制能力

在进度控制方面，考虑工程总承包项目的进度控制点、拟采用的进度控制系统和控制方法，必要时对设计、采购和施工的进度控制方案进行分别描述。在质量控制方面，主要针对设计、采购与施工的质量循环控制措施进行设计，首先设立质量控制中心，对质量管理组织机构、质量保证文件体系等纲领性内容进行介绍，然后针对设计、采购与施工分别举例说明其质量控制程序。在分包单位的管理过程中，总包商除了在项目的技术方案、管理架构流程以及寻价、组价方面上花费大量精力之外，还要掌握分包单位的专业长处，将其纳入考察的范围之中。成熟的总承包商会利用分包策略，充分利用投标的前期阶段与分包商和供应商取得联系，利用他们的专业技能和合作关系为投标准备补充增加有效资源，同时为业主展现总承包商在专业分包方面的管理能力。分包策略运用得当可在很大程度上降低总承包商的风险，有利于工程在约定的工期内顺利完成。

4.4　商务标管理

商务标是指投标人提交给招标人或招标代理机构来证明其有资格参与投标以及在中标后有能力履行合同的文件，一般情况下包含投标人的投标资质、以往业绩、营业执照、获奖证书等。对商务标的有效管理是保证项目运行的重要措施，也是整个招标投标管理过程中的重点。

在进行EPC工程总承包项目招标投标过程中，根据EPC工程总承包项目招标投标的主要实施流程，对于EPC工程总承包项目招标投标的参与施工建设承包商进行资格审查，是进行EPC工程总承包项目招标投标管理的关键内容。在EPC工程总承包项目的招标投标中，为了选择到有资质、有能力、有类似项目承包经验的优秀承包商，需要对拟参建的承包商进行资格预审，通过后，才能购买招标文件或参加投标。资格审查方式可以采用资格预审或资格后审，资格预审就是先发布资格预审公告，有意参与投标的承包商先提交资格预审文件，业主组织或者委托评审委员会进行审查，审查合格之后才能参与投标。这种方式在保证投标单位质量的同时也保证了后续投标进度。

在对EPC项目进行资格审查管理之后，加强招标投标全过程的监督管理也是保证项目正常运行的关键措施。有效的过程监督一方面有利于保证《中华人民共和国招标投标法》等相关法律、法规真正贯彻执行，保证招标活动的合法有效；另一方面有利于保证招标投标行政监督执法工作的统一性、连续性、稳定性，有利于保证招标投标的公开、公平、公正性及招标投标活动的法制化和规范化；再者，有利于减少招标活动中的纠纷、矛盾、不公、错误和违法事项的发生；最后，有利于廉政建设，减少腐败现象。

第 5 章

项目造价管理

5.1 造价管理组织架构

中山大学附属第一（南沙）医院 EPC 项目的全过程造价咨询服务由新誉时代工程咨询有限公司提供，并负责组建全过程造价管理团队对项目负责，其职责主要为：在建设项目的全生命周期内，即从设计阶段开始，历经项目实施阶段、竣工验收阶段、运营阶段等，运用多种管理工具对工程造价进行管控，确保建设工程造价不超过已批复的设计概算，保证项目预期效益。

造价咨询单位在本项目上安排了包括给水排水系统、消防水系统、电气系统、消防报警和联动控制系统、综合布线系统、暖通系统、标识系统、电梯、泛光照明工程、高低压变配电工程、柴油发电机、停车充电桩等机电安装工程、建筑装饰工程、园林绿化专业在内的造价专业人员，同时安排了包括医用气体、医用纯水、冷库、综合物流、防射防护工程、医用净化工程等医用专项和污水处理系统等室外工程的造价专业人员，共27 人参与到本项目概预算的编审及造价管理工作中。设置了建筑与装饰工程、机电安装工程和园林绿化工程专业三位负责人，根据概预算编制及造价管理要求安排驻场人员，各专业至少安排一名实际设计人员协同驻场概预算编审人员实时解决图纸中对造价产生影响的问题，并形成书面签名资料。

5.2　全过程工程造价管理方案

EPC项目管理模式，是建设单位针对项目设计、材料设备采购、工程施工三个方面，统一由一家单位（包括联合体）承包完成的建设模式。即工程总承包企业按照合同约定，承担工程项目的设计、采购、施工、试运行服务等工作，并对承包工程的质量、安全、工期、造价全面负责。依据南沙区设计施工总承包工作指引，本项目委托全过程造价咨询单位，坚持"估算控制概算、概算控制预算、预算控制结算"的三控原则，从项目的可行性研究出发，通过对多个项目方案进行比较筛选，选定设计方案的投资估算、招标、设计、采购、施工五个环节着手进行全面造价控制。重点是投资估算阶段、招标阶段与设计阶段，其中以设计环节工程造价控制为核心，并结合项目拟订的招标文件、工程总承包合同所约定的承包范围、结算方式等实质性条款要求，全方位、多层次进行工程造价控制。

5.2.1　全过程工程造价控制的总体原则

建设项目全过程工程造价控制的总体原则是全过程投资控制的基础和核心。对建设项目全过程投资进行管理和控制的同时，必须遵循以下基本原则：

（1）全面控制原则，包括全员控制和全过程控制。

(2)目标管理原则。

(3)技术管理与经济管理相结合原则。

(4)责、权、利相结合原则。

建设工程项目工程造价管理的方法有很多,结合本医疗项目特征,从"科学制定各阶段造价控制目标,合理控制成本"两方面着手,确保项目建设目标的实现,包括实行项目投资成本控制目标管理和以设计方案论证及对限额设计进行投资控制。具体有以下几点:

(1)建设工程项目实施前,应遵循方案先行的原则。

(2)限额设计必须贯穿于设计的各个阶段,实现投资纵向控制。

(3)制订和完善招标投标管理制度,招标文件编制的内容应合法、规范、严谨、完整。

(4)科学、合理编制招标工程量清单及招标控制价。

(5)强化工程项目合同管理。

(6)动态实时工程造价管理。

5.2.2 投资估算阶段工程造价控制

根据确定的设计方案,认真解读该项目设计规划理念和建设标准要求,复核可行性研究报告中投资估算费用内容的完整性、合理性。

(1)重点复核其工程费用(一类费用)的科学性和合理性

建安工程费用是计算工程其他费用的基础。为此,采用专业的技术手段及方法,依据方案设计中所确定的结构类型、平面布置、立面造型、机电安装工程配置要求、立面造型概念所采用主材、室内装修档次等要素,参照类似单项工程技术经济指标、单位工程技术经济指标、主要结构用材含量指标等,结合本项目所在区域的地质情况、建材市场情况等,对估算中结构工程、装饰工程、安装工程及设备购置逐一复核，以确定投资估算金额中工程费用的合理性和准确性。

（2）工程其他费用、预备费的复核

主要对项目费用、内容是否完整，各项费用的计算基础及费率与国家及广东省有关投资估算编制规定是否相符进行复核。

综上所述，投资估算是工程造价控制的源头和基础，也是建设项目投资的最高限额。对EPC承包模式的项目而言，更是编制招标控制价的基础和依据，并对工程设计概算起控制作用。

5.2.3 招标阶段工程造价控制

招标阶段的工程造价控制应认真解读拟订招标文件（包括所附合同文本），详细复核其编制实质性内容的合法性、规范性、严谨性、完整性。

EPC总承包模式与传统承包模式不同，招标文件的编制内容与要求均有较大差异，如招标范围、承包方式及内容、招标范围内勘察设计、设备材料采购、工程施工等各自的工作内容、职责、质量标准均有所不同，因此在招标文件中均应简明、扼要、规范、严谨、完整地描述，并对以下几个方面的招标内容和范围进行重点复核：

1）承包范围、质量标准与工期

（1）工程勘察的内容是否满足建设项目设计与建设要求，勘察成果文件应符合国家规定的工程技术质量标准，满足合同约定的内容、质量等要求。

（2）工程设计应明确包括但不限于初步设计及概算编制、施工图设计及预算编制、竣工图编制，并应重点强调各阶段设计均采用限额设计，并在满足选定方案、限额指标的前提下进行多专业优化，设计成果文件应达到工程技术质量标准，满足合同约定的内容、质量等要求。

（3）施工内容与设计各专业内容的一致性，以及其施工质量标准的约定。

（4）合同工期是否符合《广东省建设工程施工标准工期定额（2011）》规定及项目建设要求，关键节点工期、工期延误及索赔等条款是否有约定。

2）结算方式、合同价款的调整、预付款及进度款支付

（1）承包范围内工程勘察设计、施工项目结算方式的内容是否合法、完整、严谨、明确。

（2）工程变更的调整范围及方法、物价涨落的调整范围及方法是否存在重大遗漏与失误。

（3）项目预付款、进度款支付是否符合财政部、原建设部《建设工程价款结算暂行办法》（财建〔2004〕369号）的规定。

EPC项目总承包模式的招标控制价所包括的内容、编制依据、编制方法与传统承包模式的招标控制价是不同的，本项目招标控制价的编制内容依据项目招标文件，包括工程勘察费、工程设计费、工程费等三项，该招标控制价的准确与否，是项目工程造价控制的基础，而作为限额设计指标确定的最高限，招标控制价中的工程费用编制则是控制的重点，具体如下：

（1）勘察费招标控制价

按发改委批复的可行性研究报告中工程费为计算基数，参考《广东省建设工程概算编制办法》（2014）的规定，勘察费按工程费用的0.8%计列。

（2）设计费招标控制价

按发改委批复的可行性研究报告中工程费为计算基数，参考《工程勘

察设计收费标准》（2002修订本）计算，依据设计内容、项目规模等编制其控制价（不包含方案设计费）。

（3）工程费招标控制价编制

根据设计方案图纸以及项目规模、特点，参照广州市建设工程造价管理站《2015年广州市房屋建筑工程技术经济指标》中类似工程的相关技术经济指标，结合近年来类似工程经验数据以及编制期广州市工程造价管理部门发布的造价指数进行分析、对比、调整。其控制的关键在于所选用类似工程或相关技术经济指标必须具有典型性、代表性、可比性，也就是在项目用途、建设规模、结构类型、装修标准、立面处理、机电安装、质量标准、建设地点、建设时间等方面相似或基本相似并通过各单位工程技术经济指标进行分析、对比、修正、调整，计算出该项目单项工程经济技术指标。对比南沙区发改局批准的《广州南沙青少年宫可行性研究报告》投资表中的工程费用合理确定其下浮率。

5.2.4 设计阶段工程造价控制

设计不仅对工程质量和建设进度产生重大影响，而且对投资有着不容忽视的影响。通过设计，确定项目的规模、标准、功能、结构等方面，从而进一步确定项目的基本造价。工程造价的管理与控制贯穿项目建设全过程，其中设计阶段是关键和核心。据国内外专业数据分析，工程的设计对造价的影响程度占75%以上，具体表现为：在初步设计阶段，影响工程造价的可能性为75%～95%；在技术设计阶段，影响工程造价的可能性为35%～75%；在施工图设计阶段，影响工程造价的可能性为25%～35%；而到了施工阶段，影响工程造价的可能性仅为10%。由此可见，设计质量对整个工程建设的效益影响尤为明显。

因此在本阶段中工程造价控制的关键和核心，是科学、合理地建立完整的限额设计指标体系。限额设计并不是一味地考虑节约投资，也不是简单地将投资砍一刀，而是包含了尊重科学、尊重实际、实事求是，精心设计和保证设计科学性的实际工作。投资分解和工程量控制是实行限额设计的有效途径和主要方法。

同时限额设计要正确处理好项目建设过程中技术与经济的对立统一关系，在强调限额设计的同时，不仅要合理利用新技术、新工艺、新材料，也要运用价值工程的原理，处理成本与功能这一对立统一的关系，提高它们的比值，使设计与概算、预算形成有机的整体，避免相互脱节的状态，使功能和成本处于最佳配置。

本工程项目实行限额设计，项目投资按照建设单位确定的投资额度和要求严格控制设计限额，确保经审定的概算金额不超过批复的项目投资估算金额，经审定的预算金额不超过审定概算中的建安工程费和发布的施工费招标控制价。限额设计采取的原则如下：

（1）"分区域、分楼栋、分专业"造价控制原则

结合本项目初步设计进度计划，分区域、分单体、分专业，逐级对经济指标进行讨论、核算、确定，并在一级总控下进行动态调配。

（2）分级编制原则（一级总控方案—二级方案）

根据项目进度计划，制定本项目一级总控方案，基于一级总控指标，结合项目初步设计深化情况，制定限额二级方案，并对一级总控方案进行深化及调整，然后下发实施，控制项目预算。

（3）主次分控，协同推进

依据本项目设计标准，以主要专业、专项为主线，其余各专项同步协调推进的方式制定限额方案。

（4）严肃性和动态性原则

本限额一级总控的制定确保已出施工图部分指标准确，近期计划出施工图部分造价可控，方案未稳定部分动态调整。

对于限额设计指标可能出现不符实际或无法满足安全施工要求、结构质量要求等的情况下，启动限额设计动态调整机制，具体如下：

（1）二级限额指标

在限额一级总控下，在初步设计阶段，限额二级方案各细项指标的构成，应由EPC联合体会同造价咨询单位，根据各专业、专项初步设计方案，逐一讨论确定。若发现设计内容不满足限额要求，由EPC联合体设计团队负责，及时调整设计内容。各参建单位共同保证限额二级方案总限额合理、客观真实。

（2）预判造价工作，对金额影响较大的各专项工作尽早、抓紧开展

本项目在初步设计阶段，需由EPC联合体负责，开展施工措施方案及各专项深化设计，启动主要设备材料清单统计工作，在方案设计完成时确定各主要材料品牌档次清单、技术参数、各专项施工措施方案深化设计清单等，稳定相关造价。

（3）造价问题解决机制

在限额条件下，尽早发现造价风险，留出解决问题的时间，减少后期出现大的造价波动风险。出现造价风险时，由EPC联合体负责，梳理造价问题，组织各方、各部门开展专题会议讨论，明确解决方案，实现投资控制目标。

工程总承包单位依据其出具的设计图纸编制的概算超出可研批复金额或预算超出审定概算或施工部分招标限价时，总承包单位必须在不改变原方案设计的构想及设计理念、不降低设计质量标准及使用要求、不影响下一阶段交付设计文件的期限、不追加设计费用的情况下，对设计图纸进行

优化。具体措施有：

① 限额设计贯穿于设计的各个阶段，实现工程造价的纵向控制。

初步设计阶段：根据确定的建筑设计方案图、已审批的可行性研究报告、招标控制价、投标报价、设计任务、主要材料设备选型等资料，参照类似工程的技术经济指标，并结合投标报价各单位工程或专业工程造价，经反复测算、分析，分别制定单项工程、单位工程等经济指标和技术指标，确保按该限额指标进行初步设计不超投标报价。改变传统设计过程中"不算账"，设计完成后概算"见分晓"的现象，由"画了算"变为"算着画"。

施工图设计阶段：根据审批初步设计方案、概算、设计任务书、主要材料设备技术规格书及品牌推荐表等，参照类似工程中单位工程或专业工程的技术经济指标，反复测算、分析，分别制定单项工程、单位工程、分部分项工程、专业工程等经济指标和技术指标，确保按该限额指标进行施工图设计预算造价不超概算。

② 根据设计各阶段所制定的单项工程、单位工程、分部分项工程、专业工程等限额设计的经济指标和技术指标，实现限额设计的横向控制。

③ 在设计阶段以限额设计来进行费用控制时，对限额设计进行动态跟踪。

对偏离控制基准的费用进行分析，对限额设计工程量清单之外的变更项进行补充，对非发生不可的变更，应尽量提前实现，尽可能把设计变更控制在设计阶段初期。尤其对影响工程造价的重大设计变更，更要用"先算账后变更"的办法解决，使工程造价得到有效控制。

④ 初步设计概算、施工图预算审核过程的造价控制。

造价咨询单位应对承包单位编制的概预算，进行全面的复核，依托BIM技术建立5D关联数据库，准确快速计算工程量，依据清单及定额计价规则，复合工程量清单设置、定额套用、主材料设备单价（主要为装饰、安装工程主材设备价格）以及新技术、新工艺、新材料的施工措施费用。对主材、设备价格组织相关专业人员进行广泛的市场调研，并将书面市场调研情况呈送建设单位后共同确定。对新技术、新工艺方面的费用，聘请相关专家，会同建设单位、设计单位、设计咨询单位、监理公司等多方论证后确定。

造价咨询单位复核完成后，送财政投资评审，审定结果作为签订修正合同及造价控制的依据。

5.2.5 施工阶段的工程造价控制

EPC项目施工阶段的工程造价控制与传统的承包方式有着较大差异，主要是针对工程变更调整合同价款的范围及原则不同，主要材料设备涨落风险、对比的基准期也有所不同。本项目设计采用BIM技术，施工阶段的工程造价控制充分利用建筑信息模型，主要从以下几个方面科学、高效、优质地对工程造价实施控制：

（1）修正合同及资金支付

承包单位投标的金额作为合同暂定金额，最终以财政投资评审审定的施工图预算为基数，乘以投标下浮后得出合同价格清单的单价或合价，再签订修正合同，作为进度款支付、结算等的依据。在修正合同价格清单确定之前，如已经支付预付款，将不再支付进度款，如未支付预付款可暂按经监理单位审核、建设单位审批的价格作为中间计量支付的依据。经监理人对施工进度及资料核查后，由承包单位申请，按本期进度款的一定比例（60%）支付。

（2）加强施工阶段的合同管理

施工阶段的合同管理主要在于对签证变更进行流程控制，也是确定变更是否合理的依据之一。同时，合同管理也对工程计量方面提供相应的依据。由于签订合同时的工程量可能与实际施工存在差异，因此在合同价款支付或办理工程量结算时，需要先对施工单位完成的实际工程量予以确认，并与原合同工程量进行比对。现场管理人员依据合同对实际工程量的把控，是施工阶段造价控制的关键。此外，工程结算时对合同文件进行良好的建档和管理，也是对总包方有利的依据。

（3）通过信息化平台加强施工阶段工程造价管理

利用 BIM，通过建立 5D 关联数据库，设置单位工程或专业工程的实时进度台账，对工程进度款支付进行精准的实时控制，并依据合同约定正确区分其变更内容是否属于调整合同价款范围。

（4）加强对工程变更的造价控制

本项目建设单位发出的设计变更指令，按合同约定的变更结算原则计算，其余因勘察、设计、施工、概预算编制质量等问题所导致的变更，如费用增加的，结算时不予增加费用，费用减少的，结算时如实结算。对由建设单位提出的重大设计变更，应会同造价咨询单位、设计咨询单位进行技术经济分析，必要时可进行价值工程分析，科学、合理地确定变更工程造价，以确保变更后工程总造价不突破审核后的施工图预算。

此外，对工程变更引起施工方案改变并使措施项目发生变化时，若引起合同价款调整，应会同建设方、监理方等单位，对其施工方案进行技术经济分析，在确定技术可行、安全的前提下，选择经济最合理的方案。

（5）工程造价信息实时更新

定时关注施工期间主要材料、设备价格市场涨落情况、近期市场定标情况等，每月或每季度向建设单位提交主要材料、设备价格市场变动情况报告及工程造价调整分析表（包括价差调整占预备费的比例）。

（6）施工过程资料归档分类管理

收集施工期间各专业隐蔽工程验收记录、现场签证单，对按合同约定属于合同价款调整的经济性签证，在5D关联数据库中进行实时的造价归集、汇总，并将实时汇总金额与审核后施工图预算进行对比，分析该部分内容对总造价的影响程度，为后续施工工程造价控制提供合理建议。

（7）依据施工索赔及反索赔方面的资料，按合同约定及国家规定，实时测定索赔与反索赔金额。

以上所述的工程造价控制，是依据批准的建设设计方案、可行性研究报告、咨询服务项目合同、拟订招标文件、报审的招标控制价等资料内容编制，但在实施过程中，还应根据项目具体要求及进度，进行不断地调整、完善，真正做到科学、高效、优质地对项目进行全过程工程造价控制，确保概算不超过投资估算，施工图预算不超过概算，竣工结算不超过施工图预算。

5.2.6 全过程动态造价管控措施

全过程造价咨询服务方在建设过程中应注重动态成本的管控，确保发生的成本在已批复的概算范围内，成本不超支。

动态成本即已发生成本、预估变更及预估结算的总和。造价咨询单位在施工总包方实施建造的过程中密切关注合同当期工程量的完成情况以及人工、材料、机械的费用情况，通过实时关注已发生的实际工程量，预估可能发生的变更、签证及当期预估的结算工程量严格控制项目的动态成本在施工图预算价格之内。造价咨询单位设定动态成本追踪周期，与合同约定进度款支付周期对应，加强动态成本过程管控，具体措施如下：

(1)造价信息即时更新

项目成本要做到动态成本及时更新,同时自检相关数据逻辑,确保动态成本不重不漏,单价合理。只要具备更新"价"或"量"的条件,即刻更新动态成本,确保信息及时、准确且全面。或因"规划调整、产品配置变化、政策变动"等因素,导致成本变动的,应第一时间更新真实成本。

(2)定期巡检

造价咨询单位定期会同监理单位或建设单位共同对总包单位的施工情况进行巡检,巡检内容包括但不限于施工工艺是否符合规范、施工用料是否符合要求等,对于巡检发现责任属于总包方的问题,即刻责令总包方进行整改,并记录在案,作为结算依据。

(3)动态回顾

造价咨询单位事先做好进度支付计划,并对各期影响造价变动较大、成本数据异常的分部分项工程进行全面梳理、评估和经验总结,避免类似的其他标段的分部分项工程出现同样的问题。

对于当期已发生成本超支或预估可能出现超支风险的情况,启动超支风险调整机制,确保动态成本在可控范围内。

(4)方案优化

发现有超支风险的问题后,由造价咨询单位牵头,会同监理方、设计方及项目经理对有超支风险的分部分项工程进行施工方案的研究调整,通过群策群力采取优化措施,确保成本不超支。

(5)调剂

如果遇到方案优化不可行或新增必要工作内容等导致超支的情况,应在同期验收的其他工作中思考方案优化,以减少成本或寻求成本转移,确保当期支付进度节点不超支。

第 6 章
项目施工质量管理及进度管理

6.1 报批报建管理

由于本工程工期紧张，为确保项目顺利实施，工程总承包单位力争各项建设手续尽早地逐步完善，及时办理好施工图审查、备案、质量监督登记、施工许可证、夜间延长施工许可证、排污许可证等相关审批手续，同时制定好报批报建信息及计划一览表、设计技术问题沟通清单及应对措施一览表等，统筹设计与施工，制定相关问题应对措施，跟进各报批报建工作，具体包括以下内容：

（1）总承包单位负责编制、收集相关资料，并按照时间节点，提前谋划报批报建工作。

（2）建立项目负责人负责制，报批报建岗位专人负责的工作机制，并保持人员的稳定，未经业主批准不得随意更换。

（3）实施期间工程总承包单位需为业主代表、监理驻现场办公提供不少于 100m² 的办公用房及相应配套办公设施；设置不少于 35 人的共用会议室，面积不小于 80m²；会议室需布置投影仪（或大型显示器）、电脑、空调等设备，桌椅应干净整洁。此外，由于本项目前期报批报建手续较多，总承包单位需安排 2 辆全新 7 座商务车以用于现场管理人员（包含监理、设计咨询等人员）进行现场管理协调、对外报装、报批报验等工作。

（4）非业主原因，造成报批报建工作进展缓慢，导致影响工程进展，将依据合同对违约行为进行处罚。

6.2 施工质量管理标准体系

6.2.1 树立对标国家级奖项的施工标准

工程必须满足中国建筑业协会所颁发的中国建设工程鲁班奖（国家优质工程）评选工作细则所确定的条件，并满足以下五个方面：

（1）工程必须安全、适用、美观，具体包括：

① 地基基础与主体结构在全生命周期内安全稳定可靠，满足设计要求。

② 设备安装规范，安全可靠，管线布置合理美观，系统运行平稳。

③ 装饰工程细腻，观感质量上乘，工艺考究。

④ 工程资料内容齐全、真实有效，具有可追溯性，且编目规范。

（2）施工过程坚持"四节一环保"，具体指：

① 在节地、节能、节材、节水和环境保护等方面符合绿色施工规定的指标要求。

② 工程专项指标（节能、环保、卫生、消防）验收合格，在环保方面符合国家有关规定。

（3）工程管理科学规范，具体包括：

① 质量保障体系健全，岗位职责明确，过程控制措施落实到位。

② 运用现代化管理方法和信息技术，实行目标管理。

③ 符合建设程序，规章制度健全；资源配置合理，管理手段先进。

6.2.2 质量管理工作程序

（1）建立完善的质量管理体系

工程总承包单位联合各分包单位共同商讨完善质量管理制度，建立质量控制流程，推行全面质量管理（TQC），以《质量管理体系基础和术语》（GB/T 19000—2016）为标准，建立并保持一个有效的工程质量管理体系。为此，总承包单位需要做到以下几点（不限于）：

① 建立完整的质量保证体系，建立并完善各项目质量管理检查制度及企业质量管理文件等。

② 总承包单位提交监理工程师批准的施工组织设计或者施工方案必须附有完备的工程质量保证措施。

③ 单项工程开工前，总承包单位必须按要求进行三级技术交底，组织学习有关规程、标准、规范和工艺要求，在施工中必须按规程及工艺进行操作，并邀请监理人参加。总承包单位应将交底过程资料报监理人备案。

（2）落实品质工程创建方案

本项目要求在设计和施工全过程中实施 BIM 技术，实现信息化、可视化的管理。同时做好专项方案特别是四新技术的应用。如在装配式建筑应用中，将结合本项目实际建筑方案，在初步设计阶段进行装配式建筑技术应用策划，制定装配式建筑应用工作方案，提出本项目装配式建筑应用目标、应用范围和相关需求；在绿色建筑中，将按照绿色星级建筑的评分要求，制定土建装修一体化设计把控要点，落实好土建装修一体化设计和审核工作；在现场管理中，将切实建立起以"样板引路"的实施方案及质量标准，明确分工，结合重点办《工程质量样板引路实施细则》，编制工程样板创优实施方案及实施细则并执行落实。

（3）严格程序管理，抓好关键因素

根据南沙重点办质量管理制度，对标国家级奖项标准，进一步优化质量控制流程，进行全面质量管理。在建筑实施中，要求工程监理和第三方检测，严格履行看样定板和检验检测程序。同时做好施工过程数据记录及隐蔽工程验收等工作，未经验收的工程不得进入下一道工序。

（4）加强对质量通病的预控

项目建设过程中，对管理人员和参建方进行《重点办工程质量防治导则》的培训，要求施工方编写《工程质量通病防治施工方案》，将质量通病防治技术措施列入工程检查和验收内容，建立奖惩机制，对工艺一次成优团队进行表扬和奖励，提高质量通病特别是表观质量通病的防治意识和工程管理水平。

（5）推行规范化、标准化管理，积极创建示范工程

按照创建标准示范工程的总体要求，对标省、市标准示范工地，着力建设绿色施工示范工程。一是打造标准化工地，按照"干净、整洁、平安、有序"的要求，策划好施工总平面布置，严格按照《工地规范化、标准化创建方案（试行）》的规定执行，保持现场整洁。二是实行绿色施工管理，按照"四节一环保"的绿色施工标准，在建设过程中优先采用循环绿色的建筑材料，合理控制施工过程的能耗及水耗，打造绿色施工示范工程。

6.2.3 注重实体质量管控

1. 原材料管理要求

（1）工程所用材料设备必须符合设计要求和国家有关规范与规定。工

程总承包单位须确保使用的材料设备是合格的、全新的、未使用过的，凡材料设备质量不符合要求，总承包单位须停工和返工，返工费用由总承包单位承担，工期不予顺延。

（2）工程总承包单位严格遵照重点办已供材料设备的看样定板制度，保证施工所用材料、设备的质量，从源头上消除质量隐患。

（3）进场的原材料、半成品和构配件，进场前向监理报审，经监理工程师审查并确认其质量合格后，方可进场。材料质量的管理还按南沙重点办的相关规章制度执行。

（4）按相关规范要求对材料、构配件、设备等履行检验检测程序，并积极联系第三方检测，待检测结果确认合格并报送监理和业主代表后，方可进行下一道工序。

2. 做好质量通病防治工作

工程总承包单位必须严格执行有关质量通病治理措施、工程建设强制性标准和有关节能、环境保护、绿色施工的规定。总承包单位需针对此项目制定工程质量通病防治措施方案。

3. 质量创优

总承包单位采取有效措施确保合同工程质量与施工安全，在保证工程质量、施工安全达到国家或行业的强制性标准的前提下，提高工程质量与施工安全管理水平，争取合同工程质量创优。对于合同工程质量标准高于国家规定或合同约定的质量验收合格标准的，按照合同约定向工程总承包单位支付工程优质费。

6.2.4 表观质量管理要求

(1)制定专项方案,在施工前引入BIM技术系统,对所有的工序都提前进行预演,减少"错、漏、碰、缺"等施工问题。

(2)实施样板引路制度,项目经理是工程样板制度执行的总负责人,在项目部内成立有效的工程样板引路管理机构,进行合理分工,明确工作职责。

(3)执行工地规范化、标准化施工作业,建立广场砖、地板砖、饰面砖、石材铺装管理工作机制,确立外观质量一票否决机制,施工铺装利用BIM技术,从源头上管控设计缺陷,杜绝施工缺陷,提升铺装品质。

(4)在生产、生活设施中采用可循环材料及装配式技术,在生活设施中采用拼装式用房,安全防护棚、安全通道、安全护栏等采用新型标准化构件搭设。

(5)在工程开工之前组织经验丰富的工程技术人员编制工程样板创优实施方案及质量标准,由技术负责人审批后报驻地监理审核,驻地监理审批后报重点办工程管理部、计划合同部、前期技术部。

(6)工程样板创优实施方案中设有针对工程质量通病的预防与控制措施。

(7)工程中的专业分包工程项目,总承包单位督促分包商对其分包的工程制定工程样板引路计划、工程样板质量标准及实施方案,并报驻地监理审批,总承包单位对分包商的施工质量负责。分包商亦严格执行工程样板引路计划。

(8)进行实体抽检的对象包括(不限于)墙面的垂直度、平整度、强度、阴阳角方正,道路平整度及密实度等,施工中采取严格控制措施,确保实体抽检达到合同要求的工程质量创优标准。

（9）工程总承包单位在现场醒目的位置，对实测实量制度、内容、要求、目标等进行宣传，提高现场施工管理人员对实测实量的认识和重视程度。内容包含实测实量的各项指标要求、操作方法、奖罚制度等。

6.3 施工进度管理要求

工程总承包单位进场后根据项目进度目标和现场实际情况编制切实可行的实施进度计划，并按照监理工程师、南沙重点办的要求随时修订和调整，采取一切可能的措施，确保按批准的进度计划实施工程。工程总承包单位应合理安排设计、施工工作，统筹各专业的工作界面，不得影响项目推进进度。工程总承包单位应根据工作面的变化情况及工程进度要求，合理调配人员及施工机械设备。

（1）科学编制总控计划

科学合理编制一级总控计划，明确里程碑时间节点，并在合同中约定具体违约责任，确保项目按计划节点推进。

（2）工程总承包单位根据南沙重点办下达的计划目标，负责编制和组织实施三级计划，编制设计总进度计划及各阶段的专业专项工作计划、季度计划、年度计划等，并定期形成周计划、月度计划等，其内容包括设计进度报告、报批报建情况跟进、施工现场进度、过程检查情况等。

（3）严格落实三级计划进度管理

一是结合季度指挥长会议，充分调动各资源，协调解决存在问题，审议各项重大方案，检查项目推进情况，统筹各专业的工作界面，全力推进项目建设；二是严格落实月度计划专题会议确定的有关项目的各项内容和措施；三是通过每周的工程例会，强化过程检查及计划纠偏，不断提高计划编制能力和执行的有效性。

（4）强化 BIM 信息化技术应用

一是利用 BIM 技术的可视化与集成化特点,在已经生成进度计划前提下利用 BIM 软件进行精细化施工模拟。从基础到上部结构,对所有的工序都提前进行预演,提前找出施工方案和组织设计中的问题,进行修改优化,实现高效率、优效益的目的;二是利用 BIM 的高效率计算工作持续时间,结合任务间逻辑关系输出进度计划,提高进度计划编制效率。

（5）优化施工组织

工程总承包单位组织各专业人员,按照科学合理、经济适用的原则,对确定的各种方案进行优化比选,合理确定工、料、机等施工资源的最佳配置,在满足安全、质量、工期要求的前提下,以降低工程成本、提高经济效益为目的,尽可能采用量化分析和网络计划技术,编制切实可行的施工组织设计并付诸实施。

（6）优化设计施工方案

技术先行是确保项目按进度推进和实施的关键,在项目全过程建设中,强化设计技术支撑,工程总承包单位按照既定目标,制定优质的设计和施工方案。一方面,在深入细致做好调查研究的基础上,对设计施工方案进行反复比较、优化,保证切实可行;另一方面,充分论证,好中选优。优化施工方案时应通盘考虑、全面权衡,必要时可聘请专家从多角度进行分析比较,评选出最佳方案。

6.3.1 施工进度审核程序

进度计划的审核程序如下:

（1）总监理工程师审批施工方报送的施工总进度计划及年度、月度施工进度计划。

（2）专业监理工程师审批施工部门报送的周进度计划，并对进度计划实施情况进行检查、对比及分析。当实际进度与计划进度相吻合时，施工部门报送下一期进度计划；当实际进度滞后于计划进度时，签发《监理工程师通知单》，指令施工部门采取调整措施。

（3）当实际进度严重滞后于计划进度时，及时报总监理工程师，由总监理工程师与施工部门商定采取进一步措施。

（4）设计总进度计划及各阶段的专业专项工作等计划由设计咨询单位进行审批，设计进度报告等由专业监理工程师、设计咨询单位进行检查、对比和分析。

审核工程总进度计划的依据包括：甲乙双方签订的施工合同，已批准的施工组织设计，施工许可证的下发时间。

审核年度、月度及周等节点施工进度计划的依据包括：已批准的工程总进度计划、年度及月度的节点施工进度计划；当实际进度偏离或滞后于计划进度时，施工部门根据会议纪要或已批准的书面报告所采取一定的纠偏措施。

审核工程形象进度的依据包括：已批准的工程总进度计划、年度及月度的节点施工进度计划，施工当月实际完成的工程量。

6.3.2 工程形象进度及工程款支付的审批

（1）总监理工程师要求施工部门依据施工现场当月实际完成情况（一般为上月的25日至本月的25日为一个周期），按结构、建筑、装饰、给水排水、通风空调、强电、弱电等分部分项工程，分层数、分轴线、分系统地进行详细描述或列明清单，并附进度款预算书及工程款支付申请表，经项目经理签字后，加盖项目章上报监理项目部。

（2）项目部总监（代）分配各专业工程师按各自分管专业范围根据现场实际完成情况分别予以审核，并提出审核意见后上报给项目总监。项目总监（代）再进行复核。

（3）施工部门根据监理项目部的审核意见调整工程形象进度并重新上报。

（4）待监理确认无误后，施工部门调整工程款预算书，填写工程进度款审核说明和工程款支付报审表，后附监理已签字的工程形象进度确认书，上报建设单位或造价审核。

（5）项目部总监根据造价审核人员审定的工程量和本期应付工程款等内容签署工程款支付证书。

6.3.3 进度管理考核制度

（1）考核基数为上期未完成量加本期应完成量。

（2）周考核未达到90%者，由监理下发整改通知并督促施工部门做好整改工作，将整改结果报南沙重点办工程管理部。

（3）月考核未达到90%者，由南沙重点办工程管理部采取必要的措施督促监理、施工方整改，并将整改结果报重点办领导小组。

（4）阶段考核未达到90%者，南沙重点办对相关方进行通报批评。累计两次阶段进度考核未达到90%或明显无法满足总进度目标的，南沙重点办约谈相关方法人代表，或采取要求工程总承包更换现场项目负责人的措施。

6.4 安全文明施工管理要求

安全生产管理工作要运用科学的思维、手段、方法、机制,满足以下管理要求:一是做好程序管理,程序管理是安全生产管理必要的框架和边界条件,如果程序缺失,则管理上必然出现漏洞,因此完善程序管理至关重要;二是做好技术管理,安全管理需要技术支撑,通过科学的技术管理,高效地开展安全生产管理工作;三是做好行为管理,通过对组织机构布置、现场人员上岗要求等各项行为管理,有效控制现场安全生产工作;四是做好结果管理,安全生产管理是动态管理,体现在施工的各个阶段,只有以结果为导向,在过程中不断采用PDCA(计划-执行-检查-调整)的模式进行检查纠正,科学排除现场安全隐患,才能确保安全生产工作的系统化。

工程总承包单位在施工过程中严格执行安全文明施工方案,针对安全防护、文明施工的内容按照向发包人提交且经发包人批准的详细的施工组织设计实施,所有施工的安全设施、机具以及围网、护栏、临边防护、施工通道等全部按发包人的要求统一标准、统一标识。所需安全防护、文明施工措施费专款专用,严禁挪用。

6.4.1 安全文明管理一般规定

(1)工程总承包单位利用先进的科技手段促进项目现场管理的创新与

发展，构建一个智能、高效、绿色、精益的施工现场管理一体化平台，进行现场的质量、安全、进度、设备、物料等管理，实现自动检测、实时监控、拍照取证、信息留存、及时预警、绩效报表等功能。通过该系统，可提升工程现场的工作效率和执行能力，实现"零距离"的精细化现场管理，并及时发现问题、调整工作安排、控制潜在风险，有效提升安全生产的管理水平，降低安全事故风险发生率。

（2）安全文明施工管理须满足国家、省、市关于安全文明生产的相关规定和发包人对本工程安全文明施工的相关要求。工程总承包单位进场后编制安全文明施工方案，包括明确安全文明施工目标、树立全体现场管理人员和施工人员的安全文明施工思想意识、制定组织保证措施（包括配合各岗位专兼职安全人员、建立现场安全生产、文明施工责任体系等）和制度保证措施（包括实行新工人入场安全培训教育制、安全技术交底制、各层次定期和不定期的检查制度、建立健全的安全生产、文明施工岗位责任制等）。工程总承包单位有权拒绝发包人及监理人强令总包方违章作业、冒险施工的任何指示。

6.4.2 环境保护一般规定

工程总承包方在进入现场前应向监理提交施工期间的环境保护方案，经监理工程师批准后实施。在实施过程中所采用的材料、设备等需得到监理工程师和发包人的许可。

6.4.3 职业健康一般规定

工程总承包单位依法为其履行合同所雇用的人员办理必要的证件、许可、保险和注册等,按照法律规定保障现场施工人员的劳动安全,提供劳动保护,采取有效的防止粉尘、降低噪声、控制有害气体和保障高温、高寒、高空作业安全等劳动保护措施。工程总承包单位雇佣人员在施工中受到伤害的,应立即采取有效措施进行抢救和治疗。工程总承包单位为其履行合同所雇用的人员提供必要的膳宿条件和生活环境,并采取有效措施预防传染病,保证施工人员的健康。

6.4.4　安全保证措施及安全生产管理人员投入要求

安全文明施工保证措施包括人员投入,安全措施费投入,安全教育培训,应急救援演练,安全检查及隐患排查整改,专项施工方案的编制、审批和实施措施,预防施工坍塌事故的措施,预防建筑起重机械伤害事故的措施等内容。

工程总承包单位严格按照广东省及广州市相关规定和发包人要求,足额投入安全生产管理人员,其中,专职安全员必须持证上岗,特殊工种的人员应受过专门的培训并已取得政府有关管理机构颁发的上岗证书。

工程总承包单位应明确划分各类人员的责任,使其在施工过程中履行自己的责任和义务。项目经理是安全第一责任人,对安全生产负直接责任。

工程总承包单位制定严格的安全技术操作规程,定期对安全生产管理人员进行考核。

6.4.5　危险性较大工程的安全管理

危险性较大的分部分项工程必须按照广东省住房和城乡建设厅关于

《危险性较大的分部分项工程安全管理办法》(建质〔2009〕87号)的实施细则、《住房城乡建设部办公厅关于进一步加强危险性较大的分部分项工程安全管理的通知》(建办质〔2017〕39号)和《广州市城乡建设委员会关于进一步加强危险性较大的分部分项工程安全管理的补充通知》(穗建质〔2013〕786号)规定执行。需单独编制危险性较大分部分项专项工程施工方案的,及要求进行专家论证的超过一定规模的危险性较大的分部分项工程,工程总承包单位应及时编制和组织论证。总包方在动力设备、输电线路、地下管道、易燃易爆地段以及临街交通要道附近施工时,开工前向发包人和监理人提出安全防护措施,经发包人认可后实施。

第 7 章
项目环境影响评价

7.1 疫情背景下的环保投资

项目运营过程中不可避免地会对附近的空气、水环境、声环境等造成一定的影响。但关于建设项目的环境经济损益分析,目前国内尚无统一标准。因此,在本项目环境经济损益分析中,采用类比方法进行初步估算。

建设项目产生的环境污染物主要是运营过程中产生的废气、废水、噪声和固体废弃物,项目拟采用的环境保护主要设施及费用详见表7-1。

表7-1 环保投资估算

序号	污染源	环保项目名称	环保投资估算(万元)
1	废水	废水预处理设施	80
		污水处理站	500
		污水管道	60
		防渗措施	40
2	废气	发电机尾气处理装置	60
		地下车库排气系统	20
		油烟治理	60
		动物实验楼废弃治理系统	60
		化验分析室废气	40
		空气消毒、防治交叉感染等	80
3	噪声	发电机噪声治理装置	30
		其他噪声源(如风机、水泵、冷却塔减震等)治理	80

续表

序号	污染源	环保项目名称	环保投资估算（万元）
4	固体废弃物	固体废物收集	20
5		绿化工程	196.5
		合计	1326.5
		项目总投资	482274.0
		环保设施占项目总投资的比重（%）	0.28

根据上表计算，本项目环境保护设施费用合计约 1326.5 万元，占建设项目投资总额 482274.0 万元的 0.28%。

7.2 环境经济损益分析

7.2.1 水环境损益分析

项目运营期产生的废水主要为员工生活污水、医疗废水、食堂含油废水、动物实验楼废水、车库及道路和场地冲洗废水。各股废水经预处理后排入污水处理站进行处理，经预处理达标后排入横沥岛污水处理厂（含再生水厂），处理后的项目废水排放对周边河流影响较小。

7.2.2 大气环境损益分析

项目对大气环境的影响主要为备用发电机尾气、厨房油烟废气、动物实验室废气及污水处理站臭气、机动车尾气等。外排废气在达标排放的情况下，对周围大气环境的影响较小。但需注意的是，在超标排放或出现事故、不利气象条件时，对周围环境空气质量的影响会有一定幅度的增加，从而引起比较严重的大气环境损失。

7.2.3 声环境损益分析

项目运营期噪声主要为备用发电机、水泵、抽排风机、冷却塔、变压器等设备噪声及门诊部社会噪声、停车场交通噪声和动物叫声等，经预测分析，建设单位对噪声源进行合理布局，并对高噪声源进行必要的治理，项目产生的噪声不会导致项目附近噪声水平明显升高。因此，在采取正确措施的情况下，本项目的噪声对周围环境影响不大。

7.2.4 固体废物环境损益分析

项目建成运营后，固体废物主要为生活垃圾、医疗废物、动物粪便及食物残渣、动物尸体、污水处理站污泥、食堂厨余垃圾及隔油池油脂、废活性炭、化验室废液、废机油、废机油桶、含油废抹布、废包装袋等。生活垃圾由环卫部门统一清运；食堂厨余垃圾及隔油池油脂交由环卫部门处置；医疗废物、化验室废液、动物粪便及食物残渣、动物尸体、废活性炭、废机油、废机油桶、含油废抹布、废包装袋交由有资质的单位收集处置；污水处理污泥消毒后若无感染性，可交由环卫部门外运处理；若有感染性，则按照危废管理，交由有资质的单位处理。因此，本项目产生的固体废物对周围环境影响不大。

7.2.5 项目经济效益及环境影响经济损益分析结论

中山大学附属第一（南沙）医院项目属于社会公益类项目，不以盈利为目的，具有良好的社会效益，并带来一系列的间接经济效益。

（1）本项目水、电等的消耗为当地带来间接经济效益。

（2）本项目生产设备及医用消耗品的采购，将扩大市场需求，带动相关产业的快速发展，为上游行业的发展提供发展机遇，从而带来巨大的间接经济效益。

（3）本项目的建设，将改善区域民生环境。医院建成后，所在区域的城市民生环境得到改善优化，会带动经济机构和居民进入本区域发展，整个区域的社会经济竞争力将得到明显提升。

综上所述，本项目的建设具有良好的社会经济效益。医院建成后投入使用，虽然对周围的水、大气、声环境等造成一定的影响，但建设单位只要从各方面着手，从源头控制污染物，作好污染防治措施，削减污染物排放量，在排放达标情况下，对周围环境的影响将大幅减少，因此，本项目从环境经济效益分析上是可行的。

7.3 环境管理工作方案及环境保护措施

7.3.1 环境评价工作过程

中山大学附属第一（南沙）医院项目的环境影响评价工作过程分为三个阶段。如图 7-1 所示。

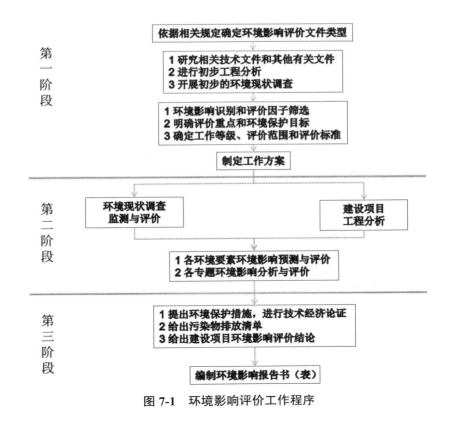

图 7-1 环境影响评价工作程序

（1）第一阶段工作内容

环境影响评价机构于 2018 年 6 月接受委托后，成立了环评课题组，研究国家和地方有关环境保护的法律法规、政策、标准及相关规划等文件。根据《中华人民共和国环境保护法》《中华人民共和国环境影响评价法》《建设项目环境保护管理条例》以及《建设项目环境影响评价分类管理名录》的有关规定，编制环境影响评价报告。

环评机构与建设单位联系，收集并研究与项目相关的技术文件和其他有关政府批文，并进行初步工程分析。根据项目的建设内容与特点进行环境影响因素识别与评价因子的筛选，明确评价重点环境保护目标，确定环境因子的各项评价等级和评价标准，制定该项目环境影响评价的工作方案。

（2）第二阶段工作内容

组织相关环评专业人员对建设项目所在地进行评价范围内的环境现状调查，同时对建设项目进行认真的工程分析。根据各环境要素的具体情况并结合项目的工程分析情况，进行各环境要素环境影响预测与评价及各专题环境影响分析与评价。

（3）第三阶段工作内容

根据环境影响预测情况，提出环境保护措施，进行技术经济可行性论证，给出污染源排放清单，得出建设项目环境可行性的评价结论。

7.3.2　应重点关注的主要环境问题

1. 施工期

包括场地平整和开挖基础以及建筑材料运输、装卸、使用等过程产生扬尘，各类施工机械和运输车辆排放尾气，施工期间土方、基础、结构和设备安装等阶段机械噪声，施工废水和生活污水，施工期间人员的生活垃圾、建筑垃圾等。

2. 运营期

（1）废水：主要为员工生活污水、医疗废水、食堂含油废水、动物饲养污水、动物实验废水等。综合废水经项目自建污水处理站处理达到《医疗机构水污染物排放标准》(GB 18466—2005)的预处理标准后排入横沥镇岛污水处理厂（含再生水厂）。

（2）废气：主要为备用发电机尾气、厨房油烟废气、动物实验室废气及污水处理站、危废暂存间臭气、机动车尾气、燃气锅炉废气。备用发电机尾气经干式除尘器处理、厨房油烟废气经高效静电油烟处理装置处理、动物实验室废气经活性炭吸附处理、污水处理站臭气经活性炭吸附处理、燃气锅炉废气收集后均向高空排放，机动车尾气经大气扩散后对周边环境影响不大，项目附近区域的环境空气质量不会因本项目建设而改变环境功能。

（3）噪声：主要为备用发电机、水泵、抽排风机、冷却塔、变压器等设备噪声及门诊部社会噪声、停车场交通噪声和动物叫声等，需采取一定措施控制项目主要噪声源对本项目所在区域可能带来的影响，使声环境质量达到拟建项目所在区域的声环境功能要求。

（4）固体废物：运营期产生固体废物主要为一般固体废物、医疗废物和危险废物。产生的固体废物须分类收集处理，确保处置过程中不产生二次污染。

7.3.3 环境保护措施

7.3.3.1 建设期的环境保护措施

中山大学附属第一（南沙）医院建设对所在区域自然生态环境的影响主要包括：项目建设期间产生的施工、生活污水；建筑、生活垃圾；施工扬尘；施工噪声等。建成投入使用后产生的污染物主要包括：生活、医疗污水；废气；噪声和医疗、生活垃圾等。

1. 污水治理措施

（1）在施工过程中，定时清洁建筑施工机械表面油污，尽量减少建筑施工机械设备与水体的直接接触。

（2）对废弃的用油应妥善处置，加强施工机械设备的维修保养，避免施工机械在施工过程中出现燃料用油跑、冒、滴、漏的现象。

（3）施工产生的泥浆及含有废油和泥浆的废水不得直接排入临近的地表水体或地下水体，经过隔油和沉淀处理后方可排放，同时应控制施工污水中的泥沙等悬浮物，避免其影响周围的环境。

2. 大气污染治理措施

（1）运土及建筑材料车辆应按规定配置防洒装备，保证运输过程中不散落，尽量避免在交通集中区和居民住宅等敏感区行驶。

（2）运载淤泥和建筑材料的车辆应加盖、严禁超载，进出工地时需清洗，运输过程中落在路面上的泥土及时清扫，减少运行过程中的扬尘。

（3）施工车辆必须定期检查，减少车辆在行驶中沿途振漏建筑材料及建筑废料，施工车辆汽车废气排放应达标，排放废气的机械亦应达到相关的排放标准。

（4）实行全封闭施工，使施工期的污染控制在一定范围内，尽量减少对周围环境的影响。

（5）工地饭堂燃料用液化石油气，减少对周围环境空气的污染。

3. 噪声防控措施

合理安排施工时段，避免夜间施工，尽量少扰民。除此以外可以从声源上降低噪音和在传播途径上降低噪声。

（1）选用低噪声的设备和材料、改革工艺和操作方法以降低噪声，用压力式打桩机代替柴油打桩机，将铆接改成焊接，液压代替锻压等。维持设备良好状态，避免设备运行不正常时增高噪声。

（2）采用"闹静分开"和"合理布局"的设计原则，使高噪声设备尽可能远离噪声敏感区；采取声学控制措施，对声源采用消声、隔振和减振措施，在传播途径上增设吸声、隔声等措施。

4. 固体废物防治措施

（1）实现挖、填土方基本平衡，以避免长距离运土。

（2）建筑垃圾分类处理，废弃钢筋等金属材料交回收公司处理；废弃建筑垃圾运至指定场所倾倒；废弃机油、含油棉纱及有害的建筑垃圾集中交由专门的固废处理中心处理。

（3）施工区生活营地周围放置垃圾桶或垃圾池，派专人负责清扫收集，由当地环卫部门外运处理。

（4）运输车辆全封闭外运，避开交通高峰，按规定路线行驶，送至规定地点，杜绝随意倾倒。

7.3.3.2 使用期的环境保护措施

医院建成后污水的排放主要包括住院病人和医护人员、科研人员、学生的生活污水以及医疗或科研产生的医疗污水的排放，污水中含有病菌、病毒、寄生虫卵和化学药剂，是医院最主要的污染源。

1. 污水治理措施

（1）医疗污水

医院自建污水处理站，污水由自建的污水处理站处理，医疗污水收集后经处理达到《医疗机构水污染物排放标准》（GB 18466—2005）的"综合医疗机构和其他医疗水污染物排放限值"的预处理标准，再排放至市政污水管网送至市政污水处理厂处理。特殊性质的污水先分类收集，单独进行预处理，再排入医院污水处理系统。检验科所产生的酸性污水经过中和池酸碱中和处理后，再排入医院污水管网。放射科含有放射性的污废水采用衰变池进行预处理。含有重金属离子的废水，收集后外运集中处理。

（2）生活污水

各个建筑单体的生活污水由室内的污水管道收集后，就近排放至附近的化粪池，经过化粪池的处理，接入院区的废水管网。各个单体建筑的室内废水管网均排至四周的室外废水管网。食堂厨房废水经过隔油池处理后排至室外废水管网。废水管网收集所有污废水后，统一排至医院自建的污水处理站进行处理，再排至市政排水管网。室内污水、废水系统分流排放。

2. 大气污染治理措施

（1）汽车尾气

汽车在怠速行驶及启动时，会有废气排放，主要污染物为 CO。汽车启动时产生的废气通过安装汽车尾气净化装置等措施加以解决。

（2）柴油发电机组产生的高温烟气

柴油发电机组运行时会产生 SO_2 和 NO_x。由于柴油发电机组只是备用，运行时间短，污染物排放量少，其尾气由专用烟囱引出向高空排放，不会对周围环境造成明显影响。

3. 噪声治理措施

（1）为减少给水及消防水泵、电梯、风机设备运行时产生的噪声，设备应选用低噪声机型，机房亦应采用隔声、屏蔽、吸声、减振等治理措施。

（2）为降低社会生活噪声影响，医院管理部门应加强引导和管理，对就医人员和车辆进行疏导，防止人群和车辆拥堵，劝解高声喧哗人员。

（3）设备选型选用噪声低，稳定性好的机组，采取减振、隔声等降噪措施。对于地下室所有风机均选用高效、低噪声、低振动设备，并在排风口设置消声装置。地下室设备及排风口需采取降噪处理措施，为避免地下室排出空气直接吹向行人，对行人造成影响，排风口设置需高出地面 2m 以上。

（4）为减少车辆进出对大楼的影响，应对地下车库进出坡道进行降噪处理，使用橡胶等软性路面，限制车辆在进出时的速度并禁止鸣笛等。

4. 固体废弃物治理措施

项目建成投入使用后，对产生的医用废弃物进行分类收集，然后用不同的塑料袋或桶进行包装，集中交由生活环境无害化处理中心集中处理。生活垃圾集中交由街道环卫队处理。

第 8 章

中山大学附属第一（南沙）医院投资控制措施与效果评价

为更加有效控制项目投资，提高工程建设效率，进一步提升项目各阶段与工程造价控制相适应的咨询服务，实现设计、采购、施工等各阶段工作的深度融合，提高工程建设质量和效益，进一步落实本项目建设管理工作中提出的"四个坚持、两个细节、两个程序"的精神，造价咨询单位对工程造价管控所存在的问题进行了复盘并提出了解决措施，以加强工程投资管控、提升造价咨询服务管理水平，确保造价成果、造价管理流程、造价咨询服务能适应本项目高品质建设要求。

首先，根据全过程造价咨询服务合同的工作要求，从项目决策阶段的投资估算开始，到初步设计概算、施工图深度概算内审及协助业主完成概预算财政投资评审环节等相关工作，结合咨询公司过往项目的经验、限额划分以及过程投资管控实践工作内容，深入分析本项目投资控制过程中容易出现的问题，及时发现和提出有效的咨询建议，使得本项目最终设计图纸的工程造价既能达到投资可控，又能高度匹配本项目定位及功能需求。

通过实践检验，针对 EPC 建设项目的投资控制措施及其实施效果，得出的经验教训在本章中进行总结。

8.1　充分发挥 EPC 建设模式优势，从源头做好投资控制

1. 出现问题

（1）全面贯彻限额设计工作，通过运用价值工程分析及"总分分总"的原则合理分配各专业限额金额。从本项目限额设计实施情况来看，限额设计未得到合理有效的应用，存在限额设计不够具体及未进行价值工程分析等问题，使得各专业、各功能投资额分配不尽合理，后期投资分析与前期限额对比较混乱。

（2）施工部门未能深度融入及配合各项设计工作，没有很好地体现EPC建设模式的基本优势。从项目品牌拟定工作开始，到施工工艺、设计优化等各项设计工作，施工部门均未能发挥角色优势，有效克服设计、采购、施工相互制约和相互脱节的矛盾。

2. 解决途径

（1）工程总包联合体要求施工部门深度融入设计，以便于设计、采购、施工各阶段工作的合理衔接以及有效地实现建设项目的进度、成本和质量控制符合建设工程合同的约定，确保获得较好的投资效益。

（2）提请 EPC 联合体加强对设计图纸内容的复核校对，避免通过施工图审查的图纸内容在未经设计咨询审核及业主同意的情况下，再发生大幅度的设计内容调整，防范未知投资失控风险。

8.2 充分发挥各专项咨询力量，做好过程管控

1. 设计咨询

设计咨询全面对设计工作提出专业审查意见，特别是各项强制规范、强制条款的把关审查，以及相关设计内容的技术、经济合理性，从设计咨询角度，结合项目经验对项目设计内容提出投资控制专业意见。

2. 造价咨询

造价咨询应及时收集类似项目进行技术经济指标分析，并对设计图纸内容的工程造价进行复核，多向对比技术经济指标与限额设计指标，及时对潜在超限风险因素提出咨询意见及解决方案。

8.3　抓好重点阶段的造价控制

建立以投资估算阶段、招标阶段与设计阶段为造价咨询重点的管控机制，并对造价实施有效管理。

（1）提高方案设计深度，细化建设规模和建设标准。

（2）倡导与鼓励方案设计及投资估算编制人员深入现场，提高投资估算的准确性。

（3）严格按照建设工程EPC项目管理模式的招标控制价编制指引，科学、准确地编制招标控制价。

（4）限额设计贯穿于设计的各个阶段，以实现工程造价的纵向控制和限额设计的横向控制。

（5）设计部门依据批复的可行性研究报告，提供与建设项目定位、功能要求相匹配的同一档次设备材料品牌表，优先选用当地名优品牌。

（6）设计部门确保初步设计图纸达到施工图深度，并满足概算编审计量和计价要求。

8.4 以设计环节工程造价控制为核心

EPC项目的造价控制，依然需要以设计环节工程造价控制为核心。科学、合理地建立完整的限额设计指标体系，既包括技术经济指标，也包括造价指标。技术经济指标是为保证设计成果的经济性而制定的技术上不应突破的限制值，如建筑结构钢筋含量、混凝土含量等；造价指标是为满足投资或造价的要求而限定的成本限制值，如平米造价、单方造价。具体控制措施有以下几个方面：

（1）制订初步设计阶段、施工图阶段限额设计指标。即各设计阶段技术经济指标，包括建筑结构每平方米的钢筋含量、混凝土含量，以及与之相对应的造价指标，即平米造价、单方造价。

（2）制订单项工程、单位工程、分部分项工程、专业工程等限额设计的技术经济指标和造价指标。专业工程限额指标包括铝合金门窗铝型材含量、带骨架玻璃幕墙铝型材含量、铝板幕墙骨架含量、干挂石材幕墙骨架含量等。

（3）对工程造价产生重大影响的技术经济指标进行不确定因素、敏感性因素分析，确定其影响造价的关键因素，制订造价风险控制与管理措施。

（4）利用价值工程分析进行方案比选和设计优化。

参 考 文 献

[1] 中国建设工程造价管理协会. 建设项目工程总承包计价规范：T/CCEAS 001—2022［S］. 北京：中国计划出版社. 2022.

[2] 王雪青，杨秋波. 工程项目管理［M］. 北京：高等教育出版社. 2011.

[3] 中国建设工程造价管理协会. 建设项目工程总承包计价规范：GB/T 50358—2017［S］. 北京：中国计划出版社. 2022.

[4] 广州市国际工程咨询公司. 中山大学附属第一（南沙）医院项目可行性研究报告. 2018.04.

[5] 广州南沙重点建设项目推进办公室. 中山大学附属第一（南沙）医院项目 EPC 工作任务书. 2018.05.